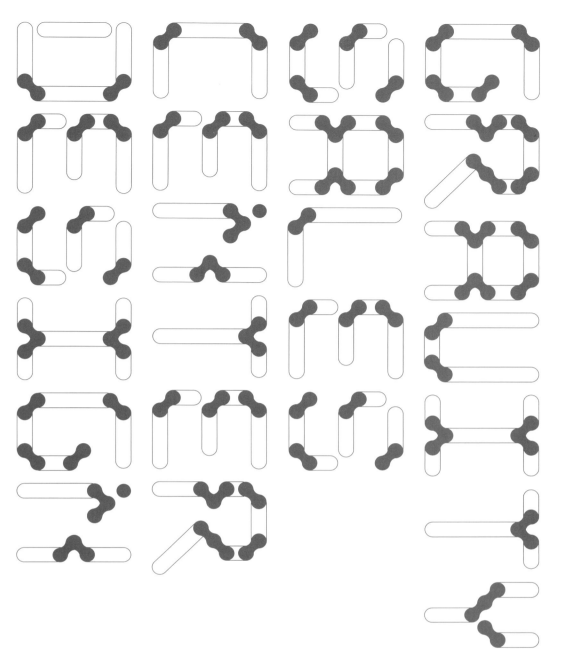

万有引力

售楼部设计×三

# GRAVITY

/

# SALES CENTER DESIGN XIII

欧朋文化 策划　黄滢 马勇 主编

华中科技大学出版社

http://www.hustp.com

中国·武汉

# CONTENTS
# 目录

## GRAVITY
／
## SALES CENTER
## DESIGN XIII

**A** | Oriental Legend
东方传奇

# B | Modern Style
## 现代风尚

# C | Foreign Country Sentiment
## 异域风情

# A | Oriental Legend

东方传奇

# 宝鲸接待中心
## Whale building Reception Center

设计公司：夏利室内装修设计有限公司
设 计 师：许盛鑫
撰　　文：苏圣文

### 城中方寸，内蕴含光

在都市纹理紊乱的市中心、车水马龙的十字路口，面对快速、紧绷的都市氛围，一座方形量体，巨大、沉静地安坐在喧闹的街道内，以自体的寂静，面对这座城市的喧嚣。实心体量内切割出的洞口，仿佛有意无意的，向外围纷杂的人群发出诚挚的邀请。稳重、利落的外部立面，营造出一种与周围环境截然不同的氛围，吸引访客一探究竟！

沿着玄关开口拾级而上，一条通往室内的过廊映入眼帘，引领我们转换心境，涤净外在纷扰，进入崭新的未知领域。踏入室内，首先可见一座圆形水池，池内铺满大小不一的卵石，中间立有一圆柱，撑起由角料组成的斗拱结构，后方则以白色大理石为底，产生木质材料与石材交错的质感对照。同时，此设计亦成为过廊空间的端景以及室内空间的核心，以方中有圆、圆内生方的手法，点出建筑物在几何形体上的亮点。

# 郑州美景东望销售中心
## Beautiful Scenery Turns to the East Sales Center, Zhengzhou

设计公司：HSD水平线设计
主案设计：琚宾
设 计 师：刘胜男、陈道麒、聂红明
摄 影 师：井旭峰
撰　　文：刘胜男
项目面积：1 000平方米

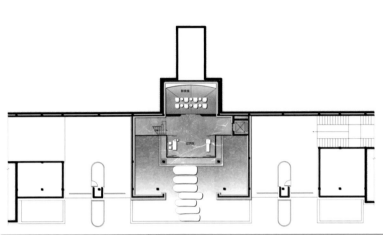

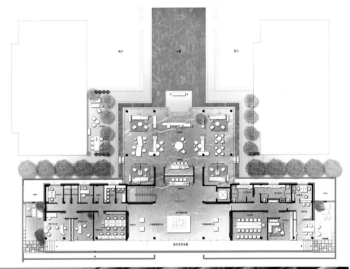

郑东新区，东可望清晰的透着醇厚、浓郁的中原味。

入园，树、花、草、墙、石、水相互穿插交织、创造出亲切宁静和私密感，细密的树枝搭建出安全的布景，可行可望，模糊了园子与建筑的界限，让空间变成得更为鲜活。

引导、往前、站定。水面、灯光、墙体形成了灰空间的半围合，清虚的玻璃盒子陷在厚重的"美景灰"中，朦胧半透，游离漂浮。

进入接待空间，空间弥漫着"暧昧""静谧""朦胧"。眼光探索空间、灯光、透明度以及各种材料的本质。弱化实体的天花和地面，在透明立面的处理上，运用线面之间的重叠、交织与并置，将视觉的平面构成延伸到立体的空间中，在立面上创造出一种微妙的"轻"。做旧的铜有机建构具有文化属性的绢、灰的秋香木、质朴的水磨石，平衡内部虚实，建立起空间的基本构筑关系，形成内在张力。艺术应运而生，"山"在此刻也变得轻盈。

拾级而上，木制的功能性盒子界定出两个大的空间，隔而不断，一侧为洽谈区，"半潭秋水一房山"，形体单纯的建筑被弱化，仅留出了基本的透明界定。自然被纳入到平面中，水面倒映出建筑，内外成为一个整体，彼此穿透，达到物理上的透明。内部空间成为取景的视框，虚纳环境，映透周遭。

此刻思考的是如何在三面开放的"透明"环境中寻找"遮面"的机会，同时又不会辜负自然的美。绢布在空间中被多重运用，间隔、重叠、垂挂，形成形式韵律，使得"透明"不存在完全丧失私密性的危险，在控制游走和引导观看的同时，又能顺利获取自然的力量——阳光、空气、水，使整个空间有迷离不定的变化。借助隐约的视线，感知空间的隐喻，形成温和的诱惑。

重灰色的石材、被建构的绢布与悬挑的灯，形成半高围合，拉近人与空间的距离。在家具的运用上，剥离文化属性，注重人的感受和洽谈的功用。

另一侧为模型区，建筑体块强行分割的光线，被内部的半透明柔化和重新定义，直接的光、温柔的光、人工的光相互作用，丰富空间表情。

在本案的设计中，用"文化的隐性表达"回归空间本质，"同类型的建构手法"塑造空间气质，"感受自然方式"推导空间手法，"自然材料的运用"促进内外融合，同时也是空间突破的一次尝试。

# 郑州美景美境销售中心
# Beautiful Scenery and Beautiful Environment Sales Center, Zhengzhou

设计公司：HSD水平线设计
主案设计：琚宾
设 计 师：张静、于佳新、焦凌男、雷麒霖、郝琬丽
摄 影 师：井旭峰
撰 　 文：张静
项目面积：800平方米

欲露而芷，欲显而隐。

美景美境以一种内敛而安静的姿态落成。建筑设计师姚仁喜先生用灰砖、黛瓦回望了传统建筑的脉络，用建构与体块的穿插表达着当下的意识形态。

连续的灰色瓦片构筑了现有的屋面，有着中国传统村落的秩序美感。立面灰砖触感粗糙，排序方式富于层次和变化，形成一种厚重与灵动的对抗。

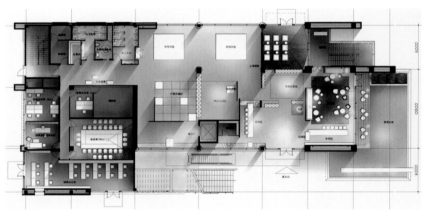

从入口进入，建筑立面的灰在室内得以完整的延续，在层层的灰、白中模糊了建筑与室内的界限。

在空间中隐约可捕捉东方的影子，又仿若印象派，将留白带入到现代性的重述中。灰砖的排序与建筑相融，似回应着传统村落的砖瓦片墙。半透的绢布界定着空间，透漏着光与空气，同时作为载体描绘着线性构成的艺术图案。如水墨晕染般的地面石材有着山形水势的纹理，与立面的灰交织融合。在边界用轻盈的书格构建立面，透过书格可以看到远端。

第一进空间的光是柔和的，它从顶面的间隙渗出，细微地变化着，构建出朦胧的场域。金属亚克力书格形成一个过渡空间，在这里可以窥见不同的方位。右侧藏着咖啡馆，经营者的私语与烘焙咖啡豆的香味将从绢丝屏风间透出，这种恍惚而美好的感受带有真实的温度。视听室位于空间的正前方，混凝土构筑通过层次性排列形成韵律，交织着线性灯光。

接待区与模型区以一屏相隔，屏格之后也极为开阔。水墨于右，留白在左，灰色石材、砖块和几何建构的手法与当代形成对话，极其干净的墙面对应着洽谈区，舒适的沙发组合在轻盈的空间氛围中达到了一种平衡。镂空砖墙与绢布屏风间两种不同的透相互呼应着。

空间中并无明显可循的秩序与规律，隐约间体现着有机的平衡与对称。视线经过引导与暗示，通过藏与透、隐与显，在这富于层次趣味的空间里发现环环相扣的艺术形式，感受在变奏空间中流动着的不变气韵。

混凝土、石材、涂料、绢布、木饰面、铜……这些是表达空间的载体，多层次地附着其上，流动的空气与光的波长渲染出风景，可观可游。

定制的艺术灯具让空间生动而有趣，几何的点与线，平衡的组合关系，形态富于张力又与整体契合。

以上只是序曲，发展与高潮集中展现的二层尚未落成。但在此景此境中已能隐约窥见后续的发展与创造中完整模样的表达方式。让我们在此期待。

# 南昌万科公园里售楼处
## Vanke Park Sales Office, Nanchang

设计公司：涞澳设计
设 计 师：张成喆
项目面积：600平方米
主要材料：木线条、水磨石

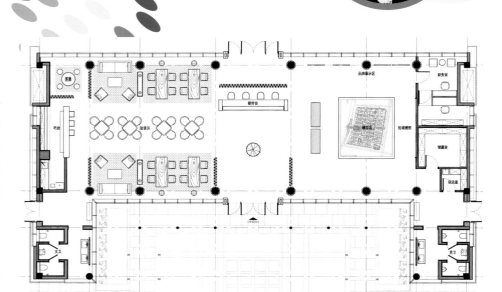

　　建筑基地是传统四合院般的 U 形布局，围拢一方水石的空间——"不能瞪着眼睛看，而要把眼睛眯起来看，斑驳的光影落在竹帘上，竹帘又倒映在水里面，并不通透却觉风光旖旎，无以言说却又欲说还休"，室内装饰遵循的也是一幅优美山水画的意境——以小见大、以虚写实、留白写意。

　　公园里项目所在空间本身端庄方正，中轴对称，因此室内设计师依势将其区隔为四大功能区域：主入口处的玄关、右侧展示区域、左侧茶主题的会客

区域，以及端头的料理区域。"引景入室"，两侧主墙面全部采用大面积落地玻璃窗，使室内的宾客无论在哪个角落，都能欣赏到院中的水景和建筑背面的园景；单坡墙用带有节奏感的木梁以恰到好处的间隔分布；功能区域之间以"竹帘"状的直线条木格栅加以区隔，使一览无余的长方形空间平添曲径通幽之感，但又可以按照区域的使用需要，灵活进行移动，以扩大空间的容纳量；玻璃墙外立面的上半部亦相应地以竖向木格栅加以遮蔽，规避大而无趣的弱点，不仅与内部隔断形成呼应和对话，同时阳光像一位资深的艺术家，穿透格栅的间隙，斑驳的倒影就成了室内最精彩灵动的"造景"。

以现代手法演绎东方韵味，是设计师张成喆始终秉承的设计理念。舍弃雕刻繁复的木柱或是雕龙画凤的屏风，"所谓的'东方韵味'，并不是要一丝不差地对传统榫卯结构和梁柱关系进行精准的还原，而是基于对传统工艺、材质、比例、意境深入研究和了解的基础上，精炼

提纯为与现代设计对接的元素和手法。"张成喆说："对我来说，用现代的设计创造一个'简约、自然、节制、留白'的空间，便是'东方韵味'，因为这些正是东方审美的精髓核心。"

对设计师而言，追求在地化是一种国际化视野，一种科学的态度，一种人文的情怀。整个空间以在当地采购的深色木材为主，但"有一种如经时光剥蚀，带有岁月痕迹沉淀而来的灰度"，与地面灰色相协调，为空间奠定庄重典雅的基调；量身定制的座椅，浅色布艺减弱了木质的沉重感，精心的曲线形设计柔化了主体的直线条，使空间氛围更为轻盈；而江西当地时令鲜果——橘子、柿子、佛手、小浆果等的自然色彩赋予了橘色主基调的灵感，不仅与木材原色、黑白配色完美融合，而且提亮了整个空间，并且增添了活泼温暖的气质。

"设计，首先必须是美的，而那种美，很多时候在于对'火候'的把握，就好像写文章一样，语句清晰，但不刻意雕琢，才能水到渠成，

意境高远。"张成喆诠释自己的设计哲学。南宋马远的《寒江独钓图》中,一叶小舟,渔翁独钓,整幅画中没有一丝水痕,却令人感到烟波浩渺。就像这个"公园里",居于其中,欣赏窗外四季更迭景色变迁,阳光流转,光影翩跹,便可体悟方寸之地亦显天地之宽。

# 杭州金地西溪风华售楼处
## The Xixi Fenghua Sales Center, Hangzhou

项目开发：金地集团
设计公司：杭州易和室内设计有限公司
设 计 师：马辉
摄 影 师：啊光
项目面积：736平方米
主要材料：树脂琉璃、古铜、夹绢玻璃、朱砂红钢琴烤漆板、绢丝手工墙绘、常规材料等

    莲花静水景池荡起涟漪，高大的立体钢艺书法景墙正优雅伫立，古朴大堂吊灯闪烁着迷人的光泽，悦耳悠扬的乐声缓缓传来，引人沉浸于一片空灵境地……这里是坐落于杭州西溪的金地西溪风华。作为金地风华体系第一个落地项目，在极富江南水乡的气韵中，设计师以"风华绝代的新东方韵味"为来访的宾客们倾力打造出一个兼具心灵归属感与文化情怀的体验之所，窥视设计创造价值的无限可能。

### 沙盘区

用东方美学的逻辑来思考当代的设计语言，更时尚、更艺术，当然也更具情怀。朱砂红钢琴烤漆板与高级灰天然大理石的完美搭配，并以古铜点缀，彰显出整个空间恢宏高雅的品质。墙面上精美绝伦的树脂琉璃与地面大理石交织，相互凝视、呼应、共鸣，视线所到之处弥漫着风华绝代的新东方气韵。沙盘区上空特别定制的大型吊灯，与建筑原有的通高中空结构互相结合，巧妙营造了空间内光与影的曼妙效果。

**洽谈区**

　　踏入洽谈区，别具匠心的落地窗设计是室内的一大亮点，通透的落地大玻璃窗令室外绿意盎然的自然风光一览无遗。自然光线随着时间的推移在室内投下丰富的光影，使室内外空间得以延伸和渗透。

　　墙面的装饰，有别于以往的形式，设计师别出心裁地将画作为背景，并结合著名国画大师张大千的山水画和现代琉璃材质，实现了更时尚的东方美学及文化氛围。

**VIP 休息室**

移步 VIP 休息室，即见设计师在细节处理上的用心。吊灯趣味性十足，一盏盏水珠状的小吊灯，轻盈灵动，与背景的水墨山水画勾勒出一幅生动的江南烟雨图。

驻足片刻，细究整个空间内每件家具给人的感觉并没有很明显的东方元素，材质的运用也颇具现代气息，但经过设计师的一番搭配之后，家具相辅相成巧妙地造就了新中式的高雅意境。

　　我们之所以会喜欢空间所缔造的美感，绝大部分原因是那上面有"人"的存在痕迹。在设计不断推陈出新的今天，售楼处不仅仅是一项销售工具，更是开发商为业主打造的人文情怀体验之所。设计与建筑、景观、幕墙等各专业的紧密配合，大到建筑与户型格局的优化，景观的形态、路径的铺设，小到山水、石头的摆件等，无不追求与室内空间里的装饰调性等相呼应。空间一经投入使用，便受到市场的认可与追捧，开盘半小时内便售罄，为杭州楼市创造了"六月奇迹"。东方气韵以更时尚的方式去诉说，直击人心，意境无穷。

# 南京绿地·华侨城海珀滨江接待中心
# Greenland OCT Hysun Riverside Reception Center, Nanjing

设计公司：上海曼图室内设计有限公司
设 计 师：冯末墨、张长建、潘超、覃升伟
摄 影 师：陈志
项目面积：1 660平方米
主要材料：石材、金属、皮革、壁纸

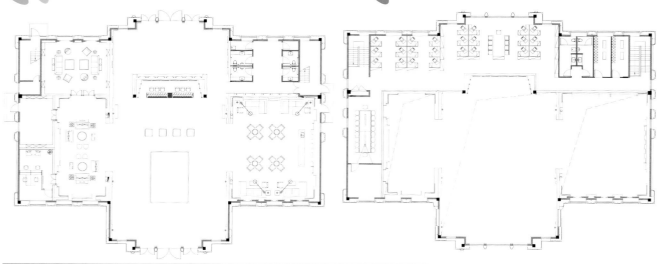

南京绿地·华侨城海珀滨江接待中心，是由绿地集团携手华侨城在南京打造的首个海珀系原著项目，位于南京建邺区，与长江比邻而居，拥有得天独厚的地理位置和生态景观。旨在为客户提供顶级、奢华、高品质的体验空间。

入口处"开门见山",8.5米高的挑空空间结合体量"大"而轻盈的水晶装置形成强烈的视觉冲击力,将空间形态完整清晰的刻画出来,空间的轴线对称、通高的金属屏风、对比强烈的饰面、柔和的线性灯光彰显了海珀的气势又融合了高端舒适的品质。

洽谈区空间方正规整,墙面凹凸有致富有层次,结合灯光运用现代的手法对奢华、舒适重行诠释,营造一个高品质的洽谈区域。壁炉与巨幅油画的结合更为深度洽谈的尊贵感提升了高度,缔造非凡的海珀系基因。

# 苏州融创桃源会
## Record Taoyuan Club, Suzhou

项目开发：苏州融创玫瑰园房地产开发有限公司
软装品牌：浙江绿城家居发展有限公司
软装设计：绿城家居团队
摄　　影：三像摄影
项目面积：2 100平方米（套内）
主要材料：金属、大理石、真丝刺绣

渔舟逐水爱山春，两岸桃花夹古津。

坐看红树不知远，行尽青溪不见人。

山口潜行始隈隩，山开旷望旋平陆。

遥看一处攒云树，近入千家散花竹。

樵客初传汉姓名，居人未改秦衣服。

居人共住武陵源，还从物外起田园。

月明松下房栊静，日出云中鸡犬喧。

惊闻俗客争来集，竞引还家问都邑。

平明闾巷扫花开，薄暮渔樵乘水入。

初因避地去人间，及至成仙遂不还。

峡里谁知有人事，世中遥望空云山。

不疑灵境难闻见，尘心未尽思乡县。

出洞无论隔山水，辞家终拟长游衍。

自谓经过旧不迷，安知峰壑今来变。

苏州融创桃源会
Record Taoyuan Club, Suzhou

当时只记入山深，青溪几度到云林。

春来遍是桃花水，不辨仙源何处寻。

——王维《桃源行》

桃花源，是中国人做了两千多年的世外梦想。那里没有竞争，没有压力，没有算计，没有漠然，只有田园耕读，只有轻松自在，只有坦荡从容，只有亲切笑容。这一处为企业家和时代精英打造的桃源会，将超世梦想移植到都市空间。"长廊造景，曲径通幽""水墨淡彩，引人入胜""茶楼古轩，喜悦听香"，用烟雨江南的美梦隔离红尘滚滚的现世喧嚣。古韵悠然的建筑空间里，由廊、堂、楼、轩构建的穿越时空的传统意境，水墨般流转在空间之中，辅以各种精致雅趣的玩物，将名流雅仕的品位情趣展现得淋漓尽致。

本案将传统空间元素与时代审美相结合，古典的窗、隔断、

屏风、小品展现简净优雅的时代气息。苏州园林的曲径通幽、移步易景的手法也被运用到空间中，似隔而透，似掩实映，空间中增加了神秘的诱惑力，行走其间多了一重探寻的乐趣。苏州园林特有的石景元素，将整体氛围营造得更加丰富。

在材质上大量选用木、石、皮等天然材料，带给人视觉与触觉上亲切而踏实的感觉。

色彩上以棕色、米色为主，并用相近色系穿插其中，使整个空间色彩统一而层次丰富，点缀色运用黛蓝色和灰紫色，形成对比关系，

使得空间沉稳而内秀，更富有张力。山涧青林隐云寺，禅烟虚袅漫云间。通过造景与色彩搭配，让空间安逸幽静。

书香之地，贤能之仕。诗词书画会成为该空间中的视觉中心，造型简洁的家具搭配，置身于此，谈古论今，风生水起。

# 济南公园世家营销中心
## Ji'nan Park Family Reputation Sales Center

设计公司：上海曼图室内设计有限公司
设 计 师：张成斌、叶耘、曹磊
摄 影 师：陈志
项目面积：3 000平方米
主要材料：彩虹木纹、琥珀玉、艺术铜板、地毯

### 山水卷·领秀城

售楼处位于济南市市中区，紧邻领秀城森林公园，距市中心约有8千米的距离。周边已有较多领秀城成熟社区，配套相对完善，有大型购物中心及众多生态休闲公园。

建筑形态极具现代感和雕塑感，灵感来自于大地流线，东南向有丰富的山地景观，所以在考虑平面功能布局时我们把洽谈区设置在了这个位置。

整个售楼处的灵感来源于"自然造物"，我们用似水般委婉柔和的弧线去包容建筑如山状跌宕起伏的折线。

书吧是整个售楼处融贯始终的主题。入口处的艺术品是这段旅程的开篇，玲珑剔透，透露着爱书人"一片冰心在玉壶"的高洁之气。

通过这组造景可以看到大厅的巨型屏幕，一片片层叠的石材仿佛是一页页展开的书卷，屏幕就是开启未来美满生活的窗户。我们用书架的体量咬合楼板来围合大厅挑空的空间关系，不但增加了垂直方向的景观面，同时也有利于书吧氛围的营造。咖色系的不同材质金属、木饰面和皮革，因为肌理和质感的差别，在灯光的作用下会产生非常丰富的视觉效果。

顶面的弧线造型似山，似水，似云，我们不强求它是某一种固定的形态，只愿留住这山水意境，唤起人们"飞流直下三千尺，疑是银河落九天"的共鸣。晶莹清透的艺术吊灯蜿蜒而去，把我们的思绪也带到了远方。抬头仰望，有山，有水，有人，自然与社会，历史与未来，都凝固在这个空间里。

在山水之间，有一方天地，让我们能博览群书，这就是我们对生活最好的憧憬。来济南领秀城，圆你半生夙愿。

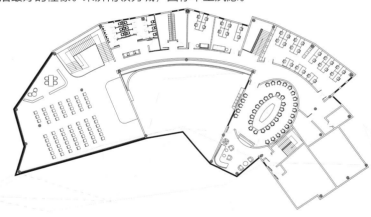

# 三亚鹿回头南麓 · 泷浍会所
## Luhuitou South Longhui Club, Sanya

设计公司：尚策室内设计顾问（深圳）有限公司
施工公司：广东景龙建设集团有限公司
主案设计：陈子俊
设计团队：李奇恩、曹建粤、肖扬、康谭珍、林成龙、周晓思
摄 影 师：啊光
项目面积：5 000平方米
主要材料：火山岩石、蒙古黑大理石、烟熏色橡木、爵士白大理石

三亚鹿回头南麓 · 泷浍会所
Luhuitou South Longhui Club, Sanya

大拙至美，自然灰演绎唯美现代中式。

泷浍位于海南省三亚的半山半岛，此坐拥三山两湾的世界珍罕宝地上，是为中信半岛云邸小业主而设的住客会所，整个会所包含大堂、咖啡厅、中餐厅、包间、品茶室、图书馆、棋牌室、健身房和泳池等空间，总面积超过 5 000 平方米。

会所大堂主入口，设计师以 6 对明清时期的石狮带出拥有独特质感的空间意境；整体风格自然古朴，加之岁月浸润出的古雅色调，内敛而厚重。

火山岩石、蒙古黑大理石、烟熏色橡木和爵士白大理石等低成本材料做出的新中式风格，很大程度上体现出设计师"粗料精做"的功力。

设计师陈子俊运用新中式和具有中国文化底蕴的设计手法为其营造出一处"大拙至美"的空间，保留原有横梁和柱子的基础上，增加一些横梁作平衡，在这种新旧交融设计中，更彰显出了室内设计的意义。

光影与千年乌金木互相辉映，让来访者有一种犹如进入海边山洞的感觉。

大堂的墙身用海南独有的火山岩雕砌，地面铺设强反光的蒙古黑大理石以达到倒影效果。

书吧是会所内为业主提供一处阅读的空间，相信在忙碌的城市生活中，找一个安静的书吧，喝一杯咖啡，看一本喜欢的书，未尝不是放松减压的好办法。

午后，约上三两好友，放下手机，静静地坐在书吧的角落里，阅读一本自己喜欢的书，也不失为一种惬意。

随手翻看一页书卷，任思绪在书海中翱翔，泛波游于知识的海洋里，去触碰那千古流传的文字所带来的身心洗涤，在那章句中挥洒着梦与青春的韵味。

入口负一层，图书馆、棋牌室、品茶室、健身房、中餐厅和包房等功能空

间并排设置，长度为 155 米。

在图书馆、品茶室、咖啡长廊，以及通道靠落地玻璃窗位置分别陈列了古代的竹雕、瓷器、茶具等摆设，很大程度上突显了中国文化的底蕴。

设计师用低成本的烟熏色橡木仿制紫禁城殿宇中的三交六椀菱花样式做成格栅，连贯了这些功能空间，既使总体感觉统一，又彰显中式设计的气派。

原来的户外泳池缩窄，用落地玻璃窗将泳池所节省的空间规划到室内，规划出约 60 米醇香咖啡长廊。

落地玻璃窗旁设置的咖啡吧座，椰林树影，窗外美景尽收眼底，令人舒心神往。内敛而厚重的家具款式搭配温润的木质，让整个空间自然淳朴又不失品质感。

会所中餐厅的包房区，延续蒙古黑大理石、烟熏色橡木等材料，搭配景泰蓝石材和耀眼的水晶灯，营造高雅贵气的就餐空间，提升整体质量。

本项目在空间规划上做出了非常有效的配置，不仅使大部分的废置空间（大堂）得到有效利用，而且对原来规划的合理调整使空间（户外泳池和咖啡长廊）使用更加合理。

# 厦门建发央玺会所
## Jianfa Yangxi Club, Xiamen

软装设计：深圳市昊泽空间设计有限公司
设 计 师：韩松、吴海蓉、姚启盛、陈文雅、王娜

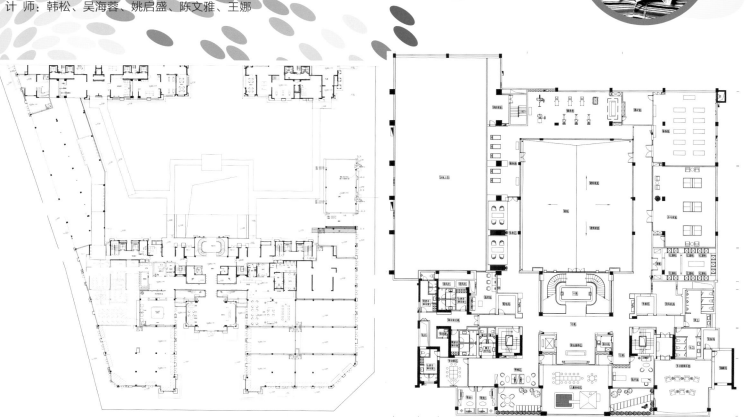

Jianfa Yangxi Club, Xiamen

在这个花与树，
海水与阳光的土地上，
有容易变得年轻的空气。
我们在寻找林间的一缕音乐，
远方的一片云，
或者是心中的一个梦。

——巴金

我们向往诗与远方，同样需要眼前的精致与安稳，本案就是为现代都市精英打造的一个名仕汇聚的交流之地。该会所兼具会所与楼盘销售功能，因而公共空间开阔，休闲运动设施完备。

大门庄严肃穆，石雕神兽坐镇两侧。入口门厅宽敞开扬，视线可沿着中轴线穿过接待大厅、前梯厅，穿过下沉大厅一直向前延伸。四盏水晶大吊灯营造出灿烂华美的氛围。接待台位于入口东面，条形长台低调内敛，上面一条金属长板颇有古代官帽的韵味。

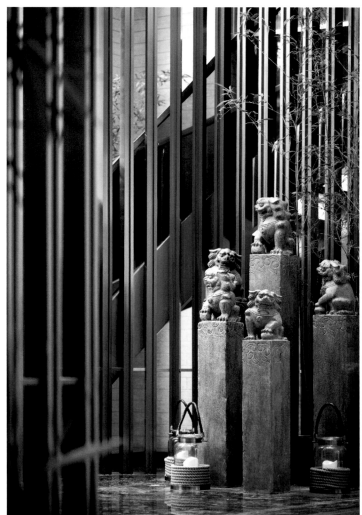

　　前厅西面紧邻沙盘模型区，是开发商展示楼盘信息的场地。前厅东南紧邻茶吧区，茶吧以开放式的格局，分为条桌品茶区、沙发区和围坐区，可实现多功能使用的需求。飘渺若仙的意境，归于平淡的心境。隐隐约约的淡雅，富有变化的色彩与软装陈设，为空间注入了幽静而安逸的东方气息，优雅而富有贵气。

　　穿过前厅一直向前，可达下沉式大厅。该会所共两层，由地面一层和地下一层构成。下沉式大厅采用中空设计，让空间尺度昂阔，沿着两侧楼梯可下到大厅。下层大厅直通地下一层配套，门口充满仪式感，两侧石狮拴马桩仿佛在迎接宾客进入休闲健身区，两扇弧形的金属栅栏，高近两层，让背面的前台接待区空间若隐若现。

以下层式大厅为中心，地下一层分布了前台接待区、乒乓球区、健身房、泳池、儿童活动区、琴房、红酒吧和休闲庭院等多个功能区，满足客人健身、交际与休闲的需求，尽享生活的品位与雅趣。

整个空间将中式文化与现代生活休闲方式相结合，淡雅而富有层次的灯光设计，清雅而温馨的中式壁纸，横竖分明的空间勾勒，呈现出东方简雅的气质。而自然的小景，竹意淡淡，富有东方韵味的石狮，错落有致的安排，为空间融入了更多的可读性与趣味性，东方意境油然而生。

# 合肥万科时代之光叠墅设计
# Vanke Light of the Times Sales Department, Hefei

设 计 师：邱春瑞
摄　　影：大斌室内摄影
项目面积：240平方米
主要材料：奥罗拉蓝、奥罗拉灰、意大利木
纹、都市灰、雅士白、墙纸、皮革硬包、木地
板、丝柏木

万科时代之光项目位于合肥滨湖新区庐州大道与南京路交汇处，地处繁华商圈，周边设施齐全。

本项目致力于在现代快速的生活节奏中为业主打造一方适合于自己的舒适生活空间。合肥固有"山水之城"之称，设计师以山水为出发点，结合中国传统文化元素，以现代新中式风格为主调，以少量金属材质为点缀，为空间注入轻奢感。

本叠墅项目共三层，一层入户玄关之后是宽敞的客餐厅，客餐厅用大面落地开窗增加了客厅空间的舒适度，更让室外庭院的风景更好地融入室内。在客厅设计上，设计师运用整片山水纹理玉石作为背景墙，

而地面装饰也以相应的云状纹理石材相呼应，让人仿佛置身于山水之间，博得一方安宁与舒适。而客餐空间相结合的主流做法也让一层公共空间更为宽敞明亮。

顺势而下是叠墅的负一层空间，在这一层较为灵活且囊括了一个下沉式庭院，设计师为男女主人各自的生活喜好量身定制了属于各自的娱乐休闲空间。茶室的设计继续沿用大面落地开窗以增加空间的舒适度，更将庭院的景色引入了室内，让室内外空间自然融合。在米黄为主色调的室内空间色彩搭配上，设计师用白底蓝山的屏风作为茶室的立面装饰，并在软装饰品搭配上选取明黄色为点缀，增加了空间的

间的时尚感与灵动性，为户主营造了一个兼具中国山水元素与现代时尚的新中式茶室空间。而在茶室的另一侧，设计师为女主人规划了一间服装设计工作室，在享受生活的同时也丰富了自身的业余爱好。规整的空间规划保证了空间的使用率，推拉门的设置也让该空间在使用时拥有更开敞的视觉效果，强化室内空间的通透性。

作为私密空间的整合层二层空间，设计师规划了两间主要的卧室。在主卧的空间设计上，为主卧规划了入户玄关，步入式衣帽间巧妙地嵌入室内，让主卧的浴室空间与卧室自然地分割开来，同时将书房融于卧室中，将空间的开敞性做到极致。地面铺装采用深咖色木地板，白底灰色云状图案地毯做装饰，踏云而卧，与木同居，是设计师想给予户主的平静与安宁的生活期许。在立面装饰上，设计师将主卧背景设计成半包围的形式，结合了中国古代传统的对称理念，以体现尊贵的户主地位，而天花简洁的线条也与其呼应，实现了设计手法的统一。对于另一间卧室而言，在现代的高品质生活概念中，运动已成为不同生活品质概念的分水岭，此次设计师在子女房的设定中，跳脱了以往传统的设定，以橄榄球为主题，将运动元素融入设计之中，为孩子打造一个相对活泼的时尚舒适居住空间。

整个项目在设计理念上围绕纯净、简洁的空间感受，以大面积自然色系做铺垫，通过金属材料的点缀，为业主营造属于自己独有的居住空间。山水之城，安然而居，愿世人都能在忙碌繁杂的现代社会点亮自己心中的时代之光。

# 庆仁接待会所
## Qingren Building Reception Club

设计公司：夏利室内装修设计有限公司
设 计 师：许盛鑫
项目面积：1 564.2平方米
主要材料：橡木深刻、椰纤壁纸、香柏、洞石、夹纱玻
璃、镀钛

这是一个针对文化与艺术的
接待会所，业主为文化整合机构，
用于高端客户的会谈。业主希望
通过艺术与空间专业设计师打造
不同一般的建筑外观与室内空间。

设计师在规划时，在会馆里
种了一棵树，屋内与屋外形成一
片树海，拥抱自然与大地的意图
十分明显。树木的加入无疑是本
案的一大亮点与创新点，屋内树
木与屋外的树林由此成为业主与
宾客最奢侈的享受。

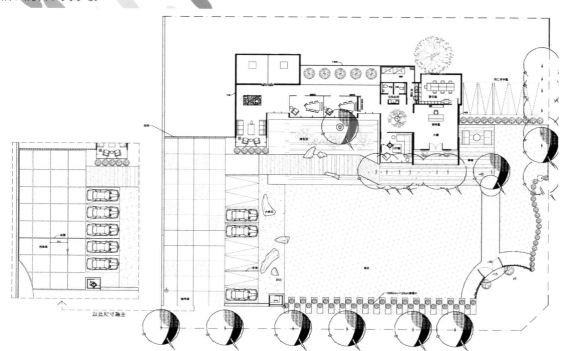

走近本案，主动线的铺陈由碎石径至临水的架高木栈道，沿途错置的景石像是逗点一般，拉出与人行动线之间微妙的距离平衡，宛如形势天成的林间幽径，充满着迂回转折的味道。看似随意设置的数座建筑量体，沿着沁凉水池畔迤逦，借着大面玻璃窗间的光影彰显空间通透、深邃之美。

刻意将木制桁架外露的尖顶建筑，有种引人合掌仰望的崇敬之意，选用香柏打造大门，上半部的桁架与两侧镶嵌玻璃，以及入内后的建筑体取屋檐斜面的 2/3 到正立面，皆以大片玻璃镶嵌，顺势导入充沛天然光与树影。基地内彼此衔接的建筑体，利用明亮的透光步道串连，

仰望镂空的斜顶木结构，释放仰角的高挑美感，大片的玻璃界面，以外突的白烤铁件强化支撑，但更精致的同时彰显设计理念。建筑之一于屋顶中央凿开方形天井，四面悬空的双层木格栅凌空垂挂，仿佛双手托着自地面卵石堆里迎光生长的亭亭花树，在周边馨暖的木头香气里，演绎着比装置艺术更深一层的人文精神。

完成本案后，设计师感叹道："空间设计尺度的掌握和一般商业产品不同，业主的要求也远比商业产品的要求更加繁琐复杂，从大尺度的规划到细部的拿捏，非常耗费心力，即便这样，当自己的创意落实至成品，是最令人欣慰的时刻。"

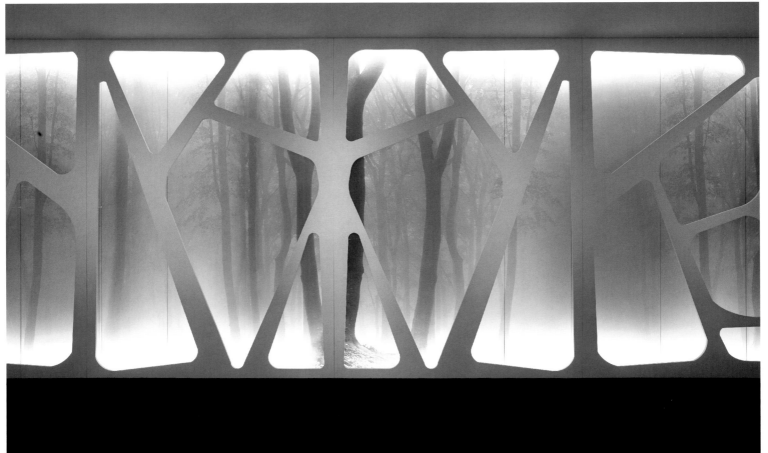

# 桂林华润中心售楼部
## CR Center Sales Department, Guilin

设计公司：朗联设计
主案设计：秦岳明
设计团队：肖润、方富明、何静
项目面积：1045平方米
主要材料：白木纹石材、不锈钢、树脂板、
金属漆木格栅、木饰面、墙纸

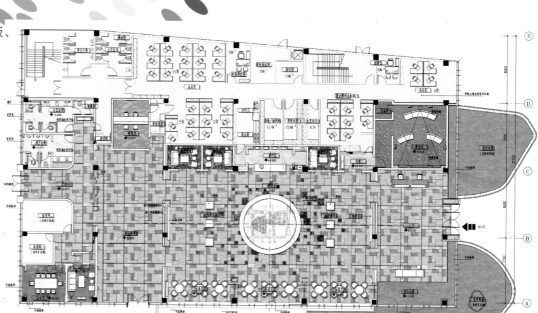

　　桂林，一座拥有秀甲天下山水和美如仙境风景的城市。它的美，是"江作青罗带，山如碧玉簪"；它的美，是"水底有明月，水上明月浮"；它的美，是"不愿做神仙，愿做桂林人"……

　　桂林的山水，让历代文人雅士沉醉忘怀，也因此形成了独特的山水美学。山水美学在宋朝达到顶峰，而居住美学却跟随时代在不停衍生、发展。本着对

山水美学的尊重与敬畏，我们试图将其与当代居住美学融合，人文、自然共同拓展，营造出一方轻奢闲适的雅致空间。

**度山水物象取其真，舍其形而承其韵**

设计师深谙桂林山水的本质，于是在创作过程中提炼出山、水、石元素，用来表达对这片土地的敬意，并通过现代手法、水墨意象来演绎空间韵味。

在喧嚣都市的中央，穿过婆娑树影，由窗外望向入口接待区，一幅山水画卷正徐徐铺展开来。室内外平滑如镜的"水景"缓慢过渡，别具匠心的艺术装置化成"远山"，串联起访客对于桂林山水的记忆。

步入接待区，你会发现远看融为一体的"山景"实则由两处艺术装置构成，一处位于窗前，另一处位于接待前台墙面。这样一个不经意的小小细节，便彰显出设计师的匠心与巧思。

以墙面为界，一处携带桂林人文印记的雅致空间正等待你的来访。灵动而颇具气势的大型水晶吊灯与模型区两侧上部通过变化形成的山

形纹理相辅相成，有如起伏的群山将人群视线聚焦至中心模型，勾勒出一幅桂林山水画卷。

**真思卓然，不贵五彩**

虽然室内空间宽敞，但设计师并未刻意用色彩将其填满，而是节制地选用不同灰度的卡其色贯穿整个空间，只在洽谈区点缀少量的普鲁士蓝、典雅红和尊贵金，墨彩交相辉映，于沉静中凝练出一派时尚优雅。简约的用色，辅以考究玩味的家居配饰，丰富而具有层次，架

构出空间整体画面的美感与张力。

如果说室内装饰让你看到了空间背后丰富的层次，那么空间内大量的留白则创造了一种"空"的可能，"空"相对于"实"，给思绪留下了一片想象的空间，可以是古与今的对话空间，更是看不见的、贴近存在本质的意境空间。虚与实穿插融合，重新组构出当代桂林城市美学空间，衍生出全新的感受与体验。

# 上海绿地海珀玉晖售楼部
# Greenland Hysun Yuhui Sales Department, Shanghai

设计公司：集艾设计
设 计 师：黄全

上海绿地海珀玉晖，位于长宁区白玉路苏州河畔。在设计师黄全看来，城市是人类文明的主要发源地，是历史的积淀与文化的结晶，因此城市既有着个性鲜明的物质形式，也有着内涵深邃的文化风貌。而这个位于苏州河畔的售楼处，自然也将承载着城市文化的一部分。

他说，"苏州河是一座古老的河流，被这里生活的人们所热爱，也有许多故事与回忆。作为设计师，我们一面要关照和重塑人们的心灵寄托，保有对传统的致敬，一面要真正发挥生活在这个时代的创意，海纳百川兼容并蓄。我想用空间设计重现那若梦似幻的光景。"

设计以天人合一的自然本体意识为统领，攫取苏州河之形态，演绎成基础的几何图形，将苏州河的波光潋滟置于其中，让流淌了五千年的苏州河，在这里形成一首凝结的诗歌。

以现代审美诉求为标准进行视觉营造，细节处当然不乏代表性的风格呈现，墙上的现代山水画独具意蕴，去除繁杂与喧嚣，流动却又静美，博大却不乏精细。

材料上，选取最贴近大自然的木色、朴实的叠水石材、带着波纹的墙面饰面，整体统一，彰显出一种克制的华丽。简约的栏栅将自然的风景纳入空间，强调内外环境的沟通、渗透与融合。进入售楼处，第一印象即是沙盘区旁边高高的水幕景观，轻巧流动的水与空中的水晶灯辉映成趣。

洽谈空间气质凝练而彰显气度，以深色的木作和高级灰为主，营造内敛平和的商谈氛围，设计突破传统中式的繁琐，以超然物外的格局，将空间的序列变化演绎得灵活而富有意趣。

VIP室线条简洁，以深咖和亚金作为主色调，明丽的橙和湖蓝作为点缀，少量金属质感的介入，让这个重商之地有着更明确的空间气质。

被演变的苏州河，以金属隔栅的纹理、墙面与地面石材的花纹、造型独特的灯具与饰品等形式重现在空间中。

制作精巧的水晶灯以流动之河的形态呈现，高低错落，疏密对比，简洁的形式中蕴含深刻的艺术符号。

# 金地宁波风华东方售楼中心
## Gemdale Fenghua East Sales Center, Ningbo

设计公司：上海董世建筑设计咨询有限公司
设 计 师：董文鹏、顾闻、苏军
项目面积：860平方米

### 如何诠释东方文化

每个设计师都有自己的答案，也都有自己的痛。就像如何发扬传统书画艺术？如何做华语电影？如何做我们自己的摇滚乐？一直以来，在这些领域我们缺少国际话语权。所以大多数时候是全部西化，或是闭门造车不管受众的认知能力。

### 失去传播能力的文化无法存活

东方元素在国际上日趋流行，多以符号化形式出现，对建筑空间而言，不足以表现东方文化灵魂。

### 韵律——东方文化大美所在

整体风格与建构形式的高低错落、疏密聚散，使传统建筑有着独特的节奏韵律，诗词歌赋、棋文乐理无不蕴涵着对韵律的不懈求解。怀着谦恭之心，浅析古人文脉，我们尝试用当代精神重塑东方文化韵律之美。推开所有显性的东方符号，放弃夸张聚焦的视觉设计方式，我们尝试描述、刻画自

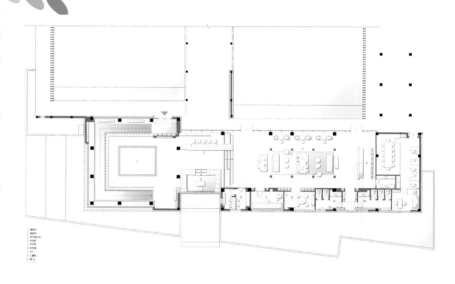

然无形的氛围，更关注情绪、体验、精神本源。我们在思辨中将禅茶主题注入本案——金地宁波风华东方售楼中心，感知传统文化的引领，传递现代东方优雅从容的气质。

### 茶舍——温润雅趣，禅茶一味

茶宜精舍，云林竹灶，幽人雅士，寒宵兀坐，松月下，花鸟间，清泉白石，绿鲜苍苔，素手汲泉……古今文人雅士煮茶蕴情、奉茶道禅。传统文化生命力体现于是否为现代人所用，我们将茶文化贯穿整个空间，访客仿佛置身于安静祥和的茶舍之中。建筑立面筛落的光与影，由昼至夜不断变化，轻纱、铜网配合行走的日光，蔓延着玄妙的影像，与各种木质交融出平和沉静的气息，濡染一室。

本案动线入口即围合模型区形成 U 形内廊坡道，访客进入空间的前半程环绕其中却无法窥识全貌，韵律上是个"收"字，是酝酿铺垫。销售、洽谈区则通过地面高差、再造柱廊形成了两个比例适度、层次分明的开放区域，在韵律上是个"放"字，是豁然开朗。

木作、苎麻锻造质朴，古铜、砖石提金石之音，抽象云纹取意仙踪，所有细节与借景相辅相成，陈述着内敛的精致。朱红色屏风作为空间里唯一显性的东方符号，采用古典中式大漆工艺再现繁复唯美，与灵动的青玉吧台对望呼应，空间韵律之美达到高潮。

茶舍内一桌一椅，一饮一啜，处处传达着对传统技艺的现代审美情怀。艺术品陈设简洁优雅的廓形与毫无棱角的锋锐引发联想，时光流转、重叠，我们尝试用更多原创性、感染力的笔触，演绎宜清、宜静、宜闲、宜空之禅茶空间神韵。

# 汕尾保利金町湾会所
## Poly Jinting Bay Club, Shanwei

设计公司：天坊室内计划
设 计 师：张清平
项目面积：1 662平方米

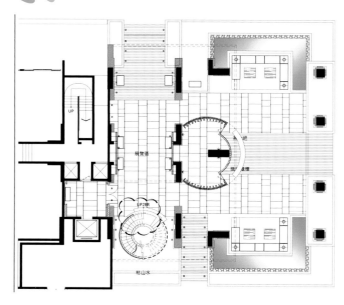

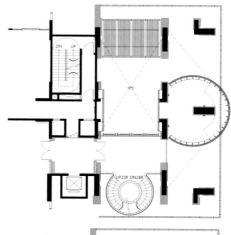

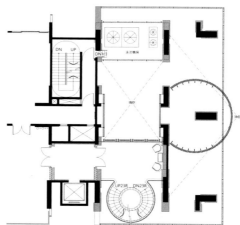

金町湾旅游度假区，作为汕尾市重点打造的三大起步区之一，整体规划4 500亩，项目按照两轴两心九区旅游规划体系，两轴滨海旅游发展轴、城市发展轴，两心游艇湾、渔人码头，保利地产预计总投资达400亿；首期700亩产品规划涵盖了别墅、洋房、公寓，以及五星级希尔顿酒店、威尼斯商业风情水街，无论是档次还是规模都是定位高端人群，意图满足深圳、广州中心城市高收入人群的投资与休闲需求。

金町湾以"海上香格里拉"为宣传口号，定位高端消费群体，特别邀请著名设计师张清平精心打造其顶尖会所的室内设计。

金町湾度假区拥有7公里原生沙滩，以海水、沙滩、山林和空气构建完整的自然生态系统，弥足珍贵。金町湾会所直面大海，风光无限。

张清平在规划中将金町湾会所的景观优势发挥到极致，海水的波浪韵律结合空间的起伏韵律，营造出豁然开朗、水色荡漾的东方人文美境。

会所为五层扁平长盒状建筑，为托高观景平台高度，一至三层前半部为挑空设置，四层临海一面为室内泳池，泳池为双层挑高，从五楼的健身房既能观赏眼前的清澈泳池，更可极目前方波澜壮阔一望无际的湛蓝大海。

会所将接待大厅置于首层，开放式布局，高达三层的挑空空间，门前四条方柱撑起，显得高阔轩朗。正对入口中轴线上，圆形的接待台欢迎八方来客。原色木梫的装饰，显得自然规整。接待台前方两侧长方形下陷式休闲座椅，一派慵雅气质。

转过接待台，后方为展览区，从侧面的旋转楼梯可上楼。旋转楼梯下方以枯山水造景，渲染出一方静谧，前方侧面墙身，装饰着一组似根雕又似珊瑚的艺术装置，引人返思。

踏在旋转楼梯上，仿佛踏着空间的韵律上升，经过二层、三层可达第四层的会所活动区与主要洽谈区。该会所在设计之初就已将会所功能与营销功能结合于一体，既节省了费用，又能向来宾展示未来金町湾的生活配套，可谓一举数得。

四层面海一侧为无边际泳池，平滑如镜的水面与远方的波浪起伏相接，一静一动，都是上善之水的不同形态。背海一面按顺序分设洽谈区、VIP室、影音室、模型区等功能配置，洽谈区沿窗而设，尽拥窗外景观之美，尽头才是模型区，狭长的通路上，吊顶的白色飘带艺术装置，在柱间环绕，引导着客人一路向前。双层挑高的空间里，飘带顺着空间起舞，既似水波荡漾，又如衣带迎风翩然起舞，让宁静的空间流淌着动感的韵律。模型区位于一端，天花上悬挂的金属网装置，像粼粼的水波浮于半空，与海的波涛起伏无声应和。

五楼同样是会所功能区与洽谈区，综合了健身房、签约室、棋艺室、阅读室、茶吧等功能属性。木、石等天然的材质，静雅的色泽，使空间显得端方宁静，让紧张的心绪沉淀，书、画、藏品尽显东方文化格调，不论是今日洽谈签约，还是未来茶道相约，都让人心情愉悦。

身居会所，坐拥高台，外赏海天之阔，内享文华之盛，一方静雅，畅怀舒达。

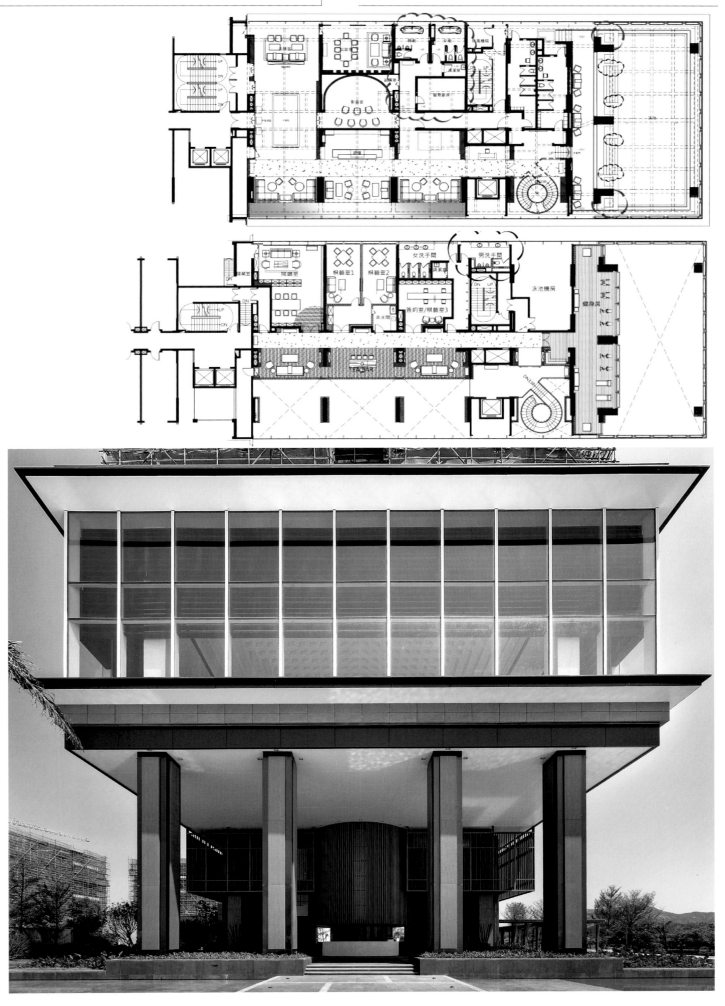

# 北京鲁能钓鱼台美高梅售楼处
## Luneng Diaoyutai MGM Sales Office, Beijing

设计公司：LSDCASA
设 计 师：葛亚曦

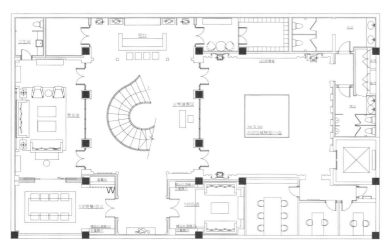

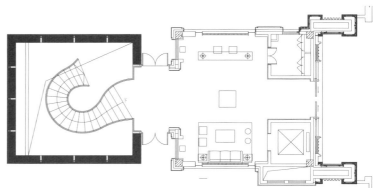

## 北京鲁能钓鱼台美高梅售楼处
## Luneng Diaoyutai MGM Sales Office, Beijing

从帝王行宫到外交名片，"钓鱼台"历来就代表了最高规格的礼遇，坐镇百年帝都中轴，城央重地，其稀缺、其贵重，不必多说。

鲁能钓鱼台美高梅项目，地处京城三环，由鲁能集团独资打造，特聘钓鱼台、美高梅品牌管理——如此国企＋国宾级＋国际品牌的实力倾注，令这个定位塔尖精英的项目自始不凡。

山河千里国，城阙九重门。

不睹皇居壮，安知天子尊。

骆宾王的这首《帝京篇》恰如其分地描写了天子威严的由来——一重又一重的宫门，正如一道又一道极尽繁琐的礼节、讲究而精致的器物、不容出错的礼制，通过仪式感、距离感、震慑性，堆砌了皇家的气派。

担纲鲁能售楼处的软装设计，LSDCASA 决意重新审视古代皇家对美寄托的内核，摈弃繁琐，以文化的力量重写"礼"制，用不世俗，制造距离感。"礼"的区隔显然不是物的炫耀，更不是震慑，它是有距离的，但这个距离，不是物质的堆砌，而是文化的沉淀，是不世俗。

售楼处的外观，引用中国古代皇家官邸的威严稳重，鲜明的中轴对称，秩序井然，入门的第一刻，就是浓重的仪式感。

正据中央的，是天然水晶《万里江山》装置，顺着灯光的流向，似乎山亦化作水，要向左右流去。迎面而来的是万里河山的气派，是几千年文化脉脉不语。

在我国商周时代，铜制器具，不单是盛物的容器，更是宗庙的礼器，以形制、雕纹、大小、数量来区隔身份的等级。这块纯手工铜板雕刻的茶几，厚重的质感，由内而外散发着历史的厚待与尊贵。

中国文化里深入骨髓的"和谐"源自太极阴阳的对立统一，除了人与人、物与物、人与物的和谐，更谈天与人的和谐。

中庭的旋梯描摹了太极圆融的曲线，纯铜雕刻的山石，与流动的水互相渗透，动与静，柔与刚，于空间之中静默交流，

暗合太极和谐浑然一体。

此间装饰塑造名家风雅，多取山河、气云的意象，写意中国文化中澎湃壮阔的一面。

贵宾室延续庄重的底蕴和皇家的考究，以铜绿为主色调，铺陈展开的是艺术家陈镜田的画作——《秋意》，将东方山水独特的空间感发挥到极致，为整个空间沉淀了文化、历史的厚

重基调。在中轴对称的布局中略有跳脱，充满文化气质的艺术品穿插其间。

# 南京金地·风华河西南销售中心
# Gemdale Fenghua Southwest Sales Center, Nanjing

设计公司：矩阵纵横
设 计 师：刘建辉、王冠、王兆宝
项目面积：800平方米
主要材料：贝金米黄大理石、孔雀
蓝玉大理石、山水玉大理石、黑白
根大理石、那不勒斯白大理石、木
饰面、玫瑰金不锈钢、工艺地毯

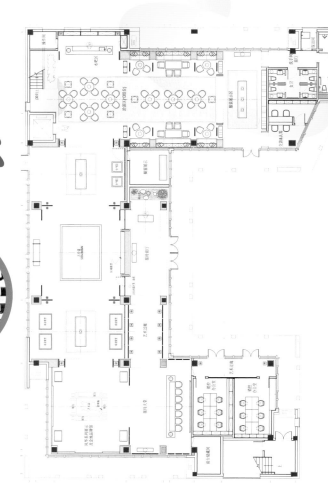

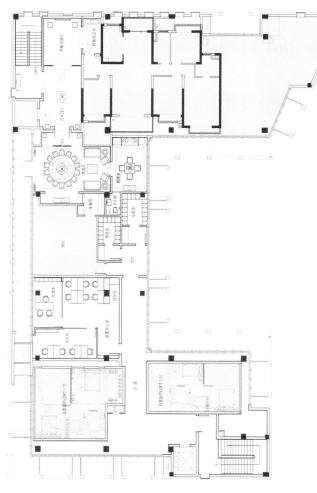

虎据龙蟠地，一眼最风华。

本案在传统和现代之间，寻得二者平衡。从传统语汇出发，取其意而不破形，在意境东方的主题之下，去寻求更多的现代情致。

将空间语境与家具融合，用屏风隔离，使得空间之内的诸多中式元素相互辉映，相得益彰。而在最终效果呈现过程中，设计师对新亚洲风格的阐述，撷取手绘墙纸和对传统书画艺术的抽象性表达，点缀以佗寂之物，真可谓"淡烟古墨听萧竹，轻罗小扇画芳草"。

# 北京绿地海珀云翡售楼处
# Greenland Hysun Yunfei Sales Office, Beijing

设计公司：集艾设计
设 计 师：黄全

**云**

书翡韵，艺境合一。

云卷云舒，云融万物，云景、云境、云韵、云灵；

大地山石，精粹如翡，翡色、翡烁、翡形、翡心。

云景：不局限于室内，更注重内外景的融合及访客的感官体验。从整体参观动线着手，研习园林造景，步入室内前，景观与水面相映，建筑静影沉璧。定制设计的庄重之门如历史古宅，古韵新生。

一步一景，步步流连，玻璃盒子般的接待空间似乎漂浮水中，与内空间皆以水中灵树应景。

云境：空间上的转换与对比形成感官心理上的意境营造，接待空间通透为虚，与二层整体为实的内院空间形成反差，如桃花源般，给予更大的心灵震撼。内庭区域整体而独立，主景更以帝积云之态，似名士大家挥毫泼墨般以境抽象，铺开长卷，直摄内心。

云韵：如顶级精品酒店的设计手法营造墨客书苑；洽谈区与 VIP 区结合书架摆台、软装陈设、笔墨书卷，唤起心中共鸣，不由沉下心来，欣赏翡之楼盘。

云灵：山不在高，有仙则灵；突破传统的单一塑造，设计师结合京之文化，突破性的融入艺术画廊与文化展厅的概念，提炼内在灵气。无论是接待、中厅或是内画廊与展厅，都为富有灵感、麒麟之气的艺术家们提供了更多的展示空间，同时提升项目价值。

翡色：细腻的材质对比突显精致入微，以不同的翡色之纯，丰富细腻。

翡形：细节的处理与软饰的选型，弧线转折，圆润有致。

翡烁：宝石之光，优雅闪烁。墙面硬包、古铜、饰品，光影折射，再融入艺术之光、灵感之光，内境提升。

翡心：珍贵、纯粹、历练、晶莹，打造独一无二的珍世之物。

# 佛山保利海德公园营销中心
## Poly Hyde Park Sales Center, Foshan

设计公司：李益中空间设计
设计团队：李益中、范宜华、熊灿、黄强、欧雪婷、孙彬、叶增辉、王群波、胡鹏
建筑设计：上海联创建筑设计
景观设计：奥雅设计
项目面积：1 000 平方米
主要材料：沙漠风暴大理石、蓝金沙大理石、火烧面石材、深色木饰面、浅色木饰面、黑色拉丝不锈钢、铜色拉丝不锈钢、布艺硬包、木地板

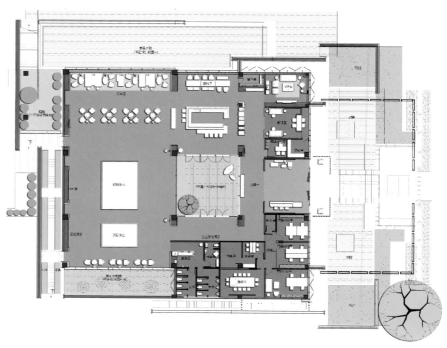

佛山保利海德公园营销中心位于佛山新城中德工业服务区，属于未来佛山市商务繁华核心。

该项目定位为富有现代东方风格的营销空间。

设计延续了硬装沉稳内敛的东方气质，挖掘极具岭南代表性的文化元素，注重把握文化内涵及搭配元素，将传统与现代、东方与西方、民族与世界完美融合，演绎出一个极具人文情怀和东方气质的艺术空间。

佛山，岭南文化的发源地之一。因此，设计提取了许多具有岭南文化特色的元素。设计师将中式的花格窗元素融入其中，吧台的灯具上方及门把手的造型设计灵感由此而生。室内的墙面设计灵活运用西关大屋回字门廊边缘的转角造型，再现岭南建筑古韵。

空间的整体色调以咖啡色系为主，多用原木色、米白色，体现空间的沉稳高雅。并以橙色和明黄作为点缀，加以浅灰蓝与之对比，丰富了整个营销空间的色彩层次，使其个性鲜明，视觉感官强烈。

在硬装材质上，以深浅色木饰面及石材为主，呈现一种温暖、舒适和细腻的肌理感；在软装配饰的材质搭配上，均与空间气质保持一致，运用低纯度的棉麻布料、金属质感的灯饰及艺术品。

在深色石材的衬托下，空间呈现出丰富的层次感。与此同时，设计师搭配了光洁的瓷器和精致的玻璃，让其产生对比，既增加了空间材质的多样性，也使空间越发沉稳内敛、精致优雅。

# 西安万科翡翠天誉营销中心
## Vanke Jade Tianyu Sales Center, Xi'an

设计公司：李益中空间设计
设计团队：李益中、范宜华、熊灿、董振华、欧雪婷、李芸芸、孙彬、叶增辉、林清、胡鹏
项目面积：680平方米
主要材料：巴黎灰大理石、欧亚木纹大理石、黑色木饰面、布艺硬包、古铜拉丝钢

西安万科翡翠天誉位于繁华的科技二路与丈八北路交汇处，项目规划总建筑面积约 46 万平方米。

万科翡翠天誉追求高端的生活方式和纯粹的生活态度，营销中心以典雅轻古典为基调，带有沉稳内敛的空间气质。

围绕"专属感、艺术性、设计感"的设计理念，设计师运用灰色石材、深色木饰面以及局部古铜拉丝钢屏风等进行点缀，并以线条作提点，营造一个富有典雅气质、沉稳而有涵养的气质空间。

设计师摒弃了复杂的肌理和线条装饰，简化的同时与现代的材质相结合，突出深厚的文化底蕴，这是高端营销中心的品质追求，更是深刻的精神内涵赋予都市精英人群的圈层价值。

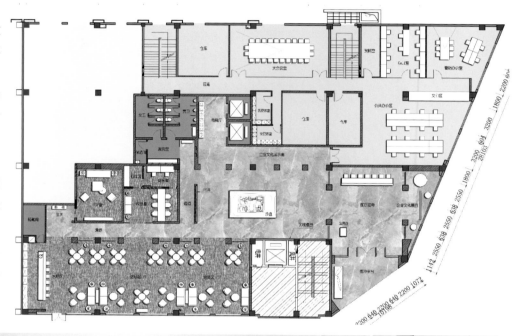

# 万科珠江东岸销售中心
## Vanke the East Coast of the Zhujiang River Sales Center

设计公司：深圳市派尚环境艺术设计有限公司

艺术总监：周静

室内设计：周伟栋、刘萍、高素英、黄素全

软装设计：周静、邬叶红、胡金胜

项目面积：800平方米

主要材料：孔雀羽毛墙布、艺术地毯、钢刷实木拼胡桃
木饰面、酸洗面墨趣大理石、蒙娜丽莎大理石哑光面、
深咖色沙面不锈钢

"取法自然而又超越自然"的深邃意境，是历代中国人关于居住的最高理想。而园林，在有限的空间里，通过叠山理水、栽植花木、配置园林建筑等手法，形成充满诗情画意的文人写意山水园林，使人"不出城廓而获山水之怡，身居闹市而得林泉之趣"。

在本项目的构思过程中，设计师以园林立意，在现代几何造型中通过对比、衬托、对景、借景以及尺度变换、层次配合和小中见大、以少胜多等传统造园技艺和手法，在空间中展现园林的魅力。

但设计不局限于传统，而是运用了全新的表达方式，让人们通过这个空间感受到融汇中西、贯通古今的妙处。在结构上，玻璃、开放式结构让人们在室内充分地感受到自然光。与更讲究私密性的传统私家花园相比，设计师更希望这个空间是一个公共的文化客厅，它亲和而开放、简洁而现代。

在接待区，设计师将接待台设置于入口的旁边，这样的做法在售楼处的平面布局中是比较少见的，但是这样的设置能更充分的利用两侧的景观资源。经过多次沟通，才得以说服业主接受这样看似比较冒险的方案，最终的效果证实，这样的设置的确会让整个空间更加灵动而通透。背景墙也突破了寻常的材料和做法，运用了孔雀羽毛，通过拼贴形成了独一无二具有立体纹理和自然纹样的背景幕，给空间带来了南国密境的神秘气息和氛围。

太湖石是中国传统园林中不可缺少的材料。太湖石的透、漏、皱、瘦，清奇古怪，表现出大自然中名山大川的奇、幽、险、秀、阔、雄、峻等诸多美的特征。

设计师将太湖石的元素巧妙地运用在接待台的创意之中，铜蚀太湖石接待台与窗外景色的相映成趣，让人们在有限的空间内，感受到到江河湖海、群山万壑俱奔眼底的美好境界。

而且设计师继续通过太湖石这一主线，挖掘出了更多灵动的太湖石主题艺术作品和衍生品，令空间更加丰富而完整。

展示区的色调为白色，从展示区沿着动线移动到洽谈区空间的过程中，人们会感受到空间色调的逐渐加深。而根据色彩心理学，人们的情绪也会因此受到影响，逐渐变得更加平静。这是设计需要达到的目的，因洽谈区需要有更安定沉稳的洽谈氛围，而展示区则需要更加明快轻松。

洽谈区又进一步细分为两个区域，即茶艺区和花艺区。在这里，设计师有着更加细致的考量：一般情况下，负责签约洽谈的为男性，所以茶艺区的氛围可以使人更加放松沉稳的洽谈。但与此同时，家庭中的女性成员在这期间会感到无聊，所以花艺区设置可以让她们更加愉悦的度过这段难以打发的等待时间。而且花艺区跟儿童游戏区毗邻，休闲与照看孩子可以方便同时进行。

# 成都中洲锦城湖售楼处
## Zhongzhou Jincheng Lake Sales Office, Chengdu

项目开发：中洲控股
设计公司：深圳市逸尚东方室内设计有限公司
软装设计：江磊
硬装设计：陈毅冰

项目面积：1 278平方米
主要材料：奥特曼大理石、雪花白大理石、都市灰大理石、橡木饰面、印度尼西亚酸枝木地板、黑酸枝木地板、手绘墙纸、香槟金拉丝不锈钢

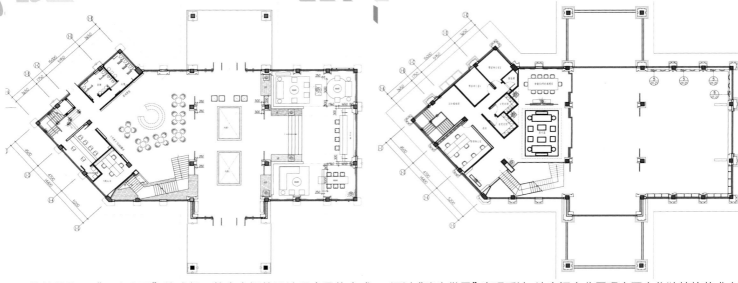

　　售楼处位于"天府之国"的成都，整个空间的设计理念是将中式建筑风格和东南亚建筑风格特色相融合，打造一个具有国际化水准的城市新境界。在设计之初设计师把中国传统文化的精髓与当代时尚潮流加以融合并创新演绎，设计不仅是纯粹的元素堆砌、复制，而是通过对传统文化的认知，将传承与创新元素相碰撞，符合现代人的审美需求同时来打造富有传统韵味的美好事物。设计中突出空间的层次感，

通过"移步借景"表现手法，让空间充分展现中国文化独特的艺术内涵，并将传统特色做到极致，完美诠释空间的意境与惬意。当淳朴而内敛的颜色碰撞尊贵大气跳色，仿佛中国东方元素气息中缓缓流淌着一抹新鲜的血液。将东方意韵引入空间，通过"韵""艺""静""雅"诠释不同空间，营造出"意为境之始，境为意之终"的审美境域。

Zhongzhou Jincheng Lake Sales Office, Chengdu

### "韵"空间——沙盘区域

沙盘区域位于售楼部的中庭位置，尖顶的天花、双层的挑高，使该空间开阔疏朗。沙盘区在这里被当作一个空间装置艺术来对待，顶上的飘带、地面的沙盘相互映衬，奠定了空间高雅的格调和东方的韵味。而且沙盘的位置居中，无论是在售楼部一层还是二层，随时可以找到沙盘区域，方便客人在空间中随时确认自己的位置。

**中庭水吧区**

水吧区也是接待台，沉稳的配色和简洁的装饰，透露着东方文化中沉稳内敛的气质。

**门厅两侧**

提取中国紫禁城红色为装饰跳色，配以精美的铜雕艺术、挂穗等，中庭沙盘上空以龙的造型为设计灵感，创新延伸的水晶吊饰，展现空间东方"韵"的意境。

**"艺"空间——VIP 洽谈区**

设计师运用画作为屏，虚拟巧妙区分空间，如水墨般绚丽多彩的地毯与东西混搭的家具风格展示出对东方"艺"的诠释。

**"静"空间——VIP 洽谈区二**

通过中式人文气息与东方茶道，赋予空间极具东方意蕴的静谧闲适的空间氛围。

**"雅"空间——洽谈区**

空间的雅不在于有多少夺目的装饰，而在于给客户舒适尊贵的体验。本案的雅体现在细节的体贴与装置的文化格调，显露出对雅士名流生活的尊重和感同身受。

**二楼会议室**

比起常规古板的会议室,这里显得更雅致轻松一些,摆上茶盘也是一个很好的茶室,可以轻松交谈,正襟危坐之时,也是一个高效的会议场所。

**二楼深度洽谈区**

空间点缀如雕塑一般的枝干,以东方"雅"的情怀传递着一种生命的精神,如白居易所写"离离原上草,一岁一枯荣"的精神境界。

# 成都金科星耀天都售楼处
## Jinke Xingyao Tiandu Sales Office, Chengdu

设计公司：深圳市派尚环境艺术设计有限公司
设 计 师：周静
项目面积：536平方米
主要材料：大理石、镜面不锈钢、黑镜钢、木饰面、地毯

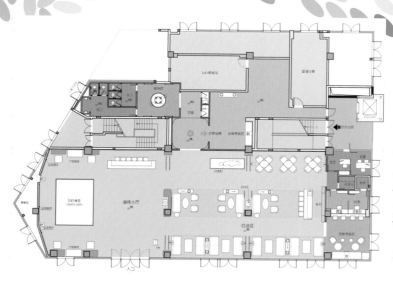

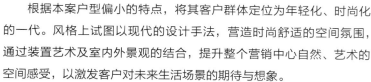

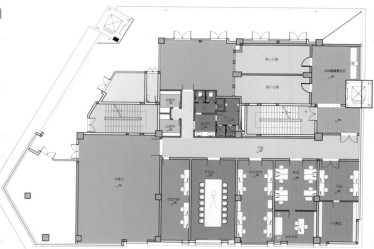

　　根据本案户型偏小的特点，将其客户群体定位为年轻化、时尚化的一代。风格上试图以现代的设计手法，营造时尚舒适的空间氛围，通过装置艺术及室内外景观的结合，提升整个营销中心自然、艺术的空间感受，以激发客户对未来生活场景的期待与想象。

　　在空间格局的划分上，设计师主要以轴线对称的手法诠释每个空间之间的关系，特别在模型区和洽谈区，两个空间在视觉上相对独立，但动线上灵活贯通。

　　在色彩上，以简单中性的色彩搭配金色的不锈钢和天然石材等材

质，营造一种低调的奢华空间。

空间中富有层次的变化，材质不同色度的渐变，使整个空间非常和谐。

纯净的空间、柔和的光影，不以过度的装饰争夺眼球，而是营造舒适放松的氛围，正是现代奢华的格调。

隔断的灵活运用，通过格栅网格方式划分，配合不同的疏密层次，通过不同材质和收口方式创造不一样的视觉效果。

材质的混搭在照明控制下，调和至最佳状态。视觉上的兴奋感带来了别样的奢华感受。

灯光氛围、家具和艺术品三者完美搭配，营造一种更随意的舒朗体验，让来宾获得更自在的体验，从而实现更轻快地洽谈与沟通。

# B | Modern Style

## 现代风尚

# 杭州融信售楼处
## Rongxin Group Sales Office, Hangzhou

设计公司：KLID达观国际设计事务所
设 计 师：凌子达、杨家瑀
项目面积：800平方米

该建筑取名 skywalker，即天行者的意思。从外观上来看，整个建筑简洁大气，呈现出即将离开地球表面，将会起飞的状态，不禁让人默默抬起头，仰望天空，寓意事情一帆风顺、顺势而上。

建筑分上下两层，以钢结构为主，且均用全透明的轻质化的玻璃隔开，具有现代时尚的都市气质。尾部上翘，恰如飞机的尾翼，更加衬托出上升的趋势，给人以动感。

建筑内部以简洁的线条划分不同的区域。内部色调以香槟色为主，搭配些许的紫檀色，略显低调奢华。内部装饰也以现代简洁风格为主，适当的软件家具中和了略显冰冷的建筑。

首层以接待功能为主，圆形的接待台和圆形的螺旋楼梯的一体化设计，为空间带来旋动的韵律。二层空间为开放式的洽谈区，开阔的景观面，带来舒畅的视野，洽谈区全部沿景观窗排列。几何造型的接待台与天花的折叠相互呼应，让空间变化层次丰富。最吸引目光的是环形的白色吧台，立体的造型连接着地面和天花，圆润光滑的造型像一个放大的白玉手镯，让人眼前一亮。

在这个建筑里，设计师除了进行建筑设计和室内设计之外，也加入了景观设计来表现完整的方案，希望打造成当地的地标建筑。

# 世茂·深圳前海销售中心
## Shimao Qianhai Sales Center, Shenzhen

设计公司：于强室内设计师事务所
设 计 师：于强
项目面积：1 000平方米

**灵感**

设计的灵感源于泉州籍著名的艺术家蔡国强先生2014年秋在上海的焰火艺术作品"九级浪"。烟火的磅礴气势，九级浪层层叠叠，不断重复，不断攀升，最终归于宁静。建筑设计从景观、建筑、灯光等方面入手，运用现代主义的手法，通过空间、材料、色彩等手段打造金属之浪、色彩之浪、光之浪，最终成为独特的前海之浪，用具有强烈雕塑感的标志性精神堡垒，寓意世茂巨舰扬帆前海。世贸展示中心的设计，立意于世茂之舫驶于泉州，乘风破浪，遍迹中国各地，行至深圳前海，掀起九级巨浪，开创华南地区的新纪元。

**设计**

室内设计延续建筑设计立意，室内衍生于建筑，与建筑一同成长。前海之浪所带来的爆发力与张力，如同新事物的生长与环境的融合，会产生令人为之振奋与期待的变化，正如"世茂"之于前海所带来的影响力与冲击力。我们从自然界中寻找寓意着冲击力的元素，如火山喷发的岩浆、雷鸣暴雨中的闪电、浪花飞溅的碎片……它们相互之间通过百变且稳固的三角形元素连接与碰撞，借助立体造型与装置、金属质感材料、灯光光束等手法强调空间主旨—— 象征世茂乘风破浪开疆扩土。

仿佛夜幕降临，天花大面积运用深色金属质感肌理漆，深藏射灯犹如星光点缀般，在夜幕尽头撕开一角，光线倾泻而下，塑造出立面造型强烈的视觉冲击，整体空间层次丰富，烘托出立面造型的体积感与肌肉感，血脉贲张，仿佛随时踏上世贸之舫，即可扬帆远航。墙面内嵌有闪电般深藏灯带，赋予空间动态的感官体验，与地面的石材拼花相互呼应，浑然一体。空间的展示主体在大环境的烘托下，成为视觉焦点——模型台，如同军舰般停泊在彼岸。

如飞溅的浪花般，金属艺术灯光装置从具有金属肌理的不规则墙面一路延伸至天花，再垂坠悬挂于半空中，犹如倾泻而出肆意飞溅的浪花。一气呵成，步移景换，动态的线条及不规则材质的拼接，将艺术的不羁在空间中挥洒得淋漓尽致。

梦幻般的网状长颈鹿与云雕塑在迷幻缤纷的玻璃围栏映衬下，给楼梯间增添了几丝趣味与梦幻的氛围，亦真亦幻，不知不觉中，透过云层，步入第二空间。

二楼空间延续着极具爆发力与张力的材质与风格，金属凹槽烤漆板不规则拼贴，空间序列生动跳跃且变幻莫测，空间内曲线的不规则

延伸，都使得穿越走道的体验犹如进入了一层"盗梦空间"。

Tom Dixon 的灯具以及精致的花形单椅的灵活搭配，在静谧深邃的空间背景映衬下，透过材质与线条，延续空间语汇。适度的灯光强弱与材质的结合，让空间演奏出独特的韵律感与节奏感，仿佛置身于电影场景当中。

影音室通过声光电的技术运用，生动地表达了展示内容，带来感官与视觉的双重享受。空间利用折纸技巧为设计手法，使材质由二度空间向三维空间转化，呈现出立体感，充满创意与想象力，营造出极具雕塑感的形态与空间层次，不同材质变幻也使得室内的立体造型更为生动有趣。

黑格尔曾说："想象是一种杰出的本领"。

设计师执着于原创的个性，并且乐于留出一些有意思且充满奇趣的空间，打破因循守旧的传统设计思路来"品读"作品，对设计的理解没有风格限定，只求洒脱自如的尝试各种可能，把想象融入生活，把自然意象带入空间。

# 郑州绿地香颂销售中心
## Greenland Chanson Sales Center, Zhengzhou

设计公司：上海曼图室内设计有限公司
设 计 师：冯未墨、张长建、潘超、覃升伟
摄 影 师：陈志
项目面积：2 240平方米
主要材料：岗石、木饰面、石材、皮革

一次文化体验，

一种人文情怀，

一段惬意的午茶时光，

一次愉悦的学术讨论。

郑州，人文荟萃、钟灵毓秀，拥有深厚的文化和历史底蕴。根据客群与地块的特性，综合地域、人文、审美、定位等要素，摒弃传统的售楼营销模式，将销售空间与书咖相融合，为客户营造一个全新的、当地唯一的高品质感官体验空间。

顶天立地的书架突显了整个售楼处的文化氛围，轴线对称，富有强烈视觉冲击力，与整体气韵不谋而合。多功能大楼梯与书柜结合形成了巨大的空间体量，结合震撼的巨屏投影，让人一进入售楼空间便被吸引住眼球，打造出了一个极具记忆点的震撼空间。

设计师更希望以众多细节上的布置打动客户，冷暖材料的搭配、氛围灯光的运用、自由组合的沙发及精致的小品陈设，皆为顾客创造移步景异的体验效果。

当代人的生活中，书、咖啡成为一种自由浪漫精神的向往。所以设计师将舒适、轻松的氛围带入销售中心，与咖啡文化相结合，为客户营造出更为轻松、舒适、惬意的销售氛围。不同于其他传统销售中心直白的销售目的所带来的强势感，这里的氛围有效地拉近了销售与客户两端的心理距离，缓解了两者之间的戒备感。让他们不止局限于来了解项目，到此停留，更能够与家人、好友享受一段悠闲地下午茶时光。

# 深圳中海天钻销售中心
## Zhonghai Diamond Sales Center, Shenzhen

设计公司：于强室内设计师事务所
设 计 师：于强
项目面积：960平方米

作为深圳首个由政府推动的旧改项目，也是深圳第一个名流村——鹿丹村的重生之作，"中海天钻"自拿地以来就受到了海内外买家与业内人士的高度关注，除了项目本身的交通配套和景观资源，更引人瞩目的是其独特的地段和文脉。位于罗湖中心的鹿丹村，是20世纪80年代建设深圳的第一批老革命者、工程师、政府干部等的居所，是深圳最具文化底蕴的"官邸"。

"钻"系列代表着中海集团最高端的项目，"中海天钻"建成之后，成为深圳首个获得与英国首相府、唐宁街10号、海德公园一号等同样的国际顶级建筑 BREEAM 认证的顶级豪宅。

# 深圳中粮云景国际销售中心
# CFOCO Yunjing International Sales Center, Shenzhen

设计公司：矩阵设计
主案设计：于鹏杰、王冠、刘建辉
软装设计：寐卡国际
项目面积：1 000平方米
主要材料：加拿大棕大理石、黑海
玉大理石、木饰面、白色手扫漆、
皮革、金属网、艺术地毯

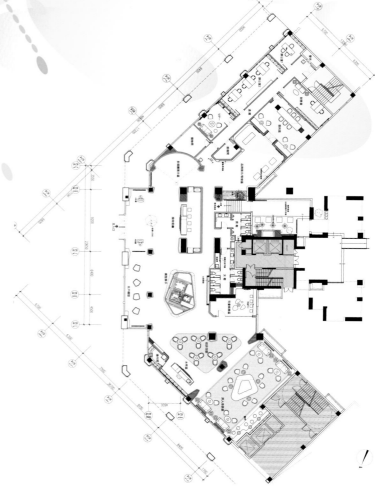

在云端，一片素雅祥云，柔软，惬意。

本案以白色为底，配以自然倒影，柔软的曲边，充满着人性的温感，而曲线灯带的穿插也让空间更加柔和，充满科技之感。

沙盘区大面积的漏窗，区域的天花造型，像云海翻起的层层波浪，在阳光的照射之下，让悬浮于空中恣游于蓝色云海的大鱼，亦梦亦幻，空间倍显高贵，充满生机。

洽谈区的天花，轻轻一点，水面的波纹，层层褪散，一眼云烟。

# 北京首创禧悦府售楼处
# Capitalland Xiyue House Sales Office, Beijing

设计公司：上海曼图室内设计有限公司
设 计 师：张成斌、曹磊、罗峰、温温
摄 影 师：陈志
项目面积：1 450平方米
主要材料：琥珀蓝玉、卡门灰大理石、灰色木纹砖

**老城根儿下的新派生活**

任何室内设计都不可能脱离建筑而独立存在，它往往是建筑形态在另一维度的延伸，又抑或是在场景中产生了某种文化的诉求。

北京首创禧悦府售楼处地处北京密云区，三山背靠，两水环绕。临近密云水库，有着优越的自然环境，在此环境中，建筑依山势做新派庄园设计，大有城外桃花源之意。

从入口进入，建筑立面的光影层次在室内主背景意境上得以完整的延续。尽可能保证所有空间有大面积的采光，在白天和黑夜交替时会产生不同的视觉感受与丰富的空间变化。

设计师用虚实与体块的穿插表达着对空间整体性的理解。两个悬浮的盒子是一个载体，让一层和二层的人有了视线对话的可能性。

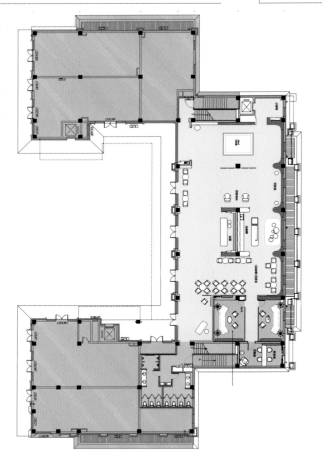

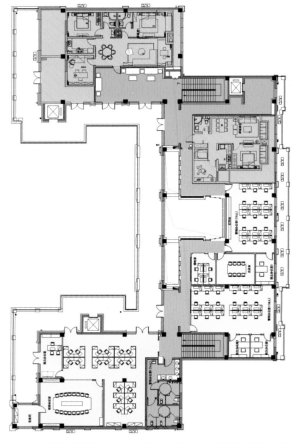

接待台孔雀蓝的石材，似水墨般晕染开来，倒影在璀璨的地面上，就仿佛熠熠生辉的银河注入了无限浩瀚的宇宙中。

　　空中吊落着枫叶状的艺术吊灯，像蝴蝶般翩翩起舞，它的灵动和盒子的厚重，形成了一种有趣的对抗。

　　金属屏风界定着空间，透漏出精致与现代的设计语言，似隔非挡，止不住勾起我们对屏风后空间的想象。

　　走进洽谈区，仿佛置身在一个精品书店中。接待台背后藏着咖啡吧，交谈间咖啡香不经意地流露出来。书架上的书都笼罩着一层暖暖的光，随手取阅一本，发现书中的内容似曾相识，这种恍惚又真实的美好往往具有最动人心弦的力量。

　　软装陈设上，以米色和蓝色为主色，加上局部橙色辅以点缀。地毯铺陈多以线条元素为图案构成，彰显空间的柔软与舒适，展现出当代艺术空间的本质。

作为售楼中心的空间，去商业化重生活体验和艺术氛围是设计的初衷。周末约朋友来这里喝个下午茶，空闲时来这里静静看会儿书，让空间融入到人们的日常生活里去。所谓无生活，不设计，正是这个道理。

# 成都朗基·御今缘售楼处
## Langji Yujinyuan Sales Office, Chengdu

公司公司：天坊室内计划
设 计 师：张清平
项目面积：800平方米

　　朗基·御今缘项目开发公司为朗基地产，在成都11载，成功打造了桐梓林欧城、朗基望今缘、朗基天香和朗基少东家等区域标杆项目，以豪宅筑造专家闻名。项目处于大源板块，毗邻伊藤洋华堂、世豪广场，自身拥有朗基MORE都市生活会所，商业、生活配套齐全；项目住宅产品主要分为高层和叠拼别墅，高层面积为95~134平方米，别墅为180~360平方米，主推舒适改善户型。

　　朗基·御今缘作为朗基的扛鼎之作，延续朗基望今缘的品牌光环，再度携手室内设计大师张清平打造尊贵奢美的朗基·御今缘售楼部。

　　朗基·御今缘售楼部的空间近似长方形，狭窄的一面为主入口。设计师在划定好空间布局之后，将大自然中动态美学展开，光、空气与水最美的瞬间，

凝结在空间之中。项目以穹顶概念作为此次设计的出发点。开阔的接待大厅让人眼前一亮，入门的过厅之后，是一个近乎方形的接待大厅，双层挑高的空间里，四角立起金色的柱体，细梗延伸出来，覆盖整个天花，形成一个气势恢宏的金色穹顶。造型设计极具个性，连绵、圆润、高傲、性感、大胆的曲线造型不断的唤起"自然动态"的美。穹顶上装置的射灯如钻石般闪耀，在中心垂落的组合式水晶吊灯的映照下，璀璨生辉。空间可以 360 度全景欣赏，美妙至极。

从接待大厅进入，则是开放式的洽谈区主厅。同样近乎方形的大厅中，顺中轴线分为作两边，一边是洽谈区，另一边是模型区加洽谈区。洽谈区以书架相隔，可观窗外美景，家具及屏风以蓝色为主调，智慧如海，更显温文尔雅；另一边模型区，仍在顶上大做文章，以有机玻璃吊饰组成的天花波浪起伏，如银河满天，蔚为壮观，垂落的水晶装饰点出中心模型所在，引人注目。循着光线的踪迹穿越结构，于此豁然开朗。整个空间的韵律，就像戏剧表演，一波接一波高潮起伏，引人入胜。

整个售楼部因为面积的原因，功能集合度较高，但通过穹顶和天花的装饰进行空间界定，化解面积的不足，强化出尊贵的仪式之感，仍然获得无数好评。本案开盘之后迅速掀起旺销热潮，成为成都 2016 备受瞩目的品质大作，堪称品牌范本。

# 佛山保利悦公馆售楼部
## Poly Yue Mansion Sales Department, Foshan

设计公司：5+2设计（柏舍励创专属机构）
项目面积：992平方米

从销售功能需求到生活体验文化的呈现，通过对材质运用的归纳作了明晰的功能规划。由建筑的四分之一圆弧体展开对空间规划的概念，延伸建筑轮廓，完成对室内空间功能协调的界定。

大面积木材的运用是空间主调的表达，以此主调展开对材料辅配的推敲，整体色系把控更能达到预想效果，材质关系更为协调统一。

书与景贯穿空间，物品的陈设与情景有很好的联系，如融入诗溪书林，在视觉上对生活情怀的体验层次更为丰富。

体量较舒厚的家具选择则更为适合这写意的体验环境。加上会呼吸的绿植，让整个空间绽放着鲜活的生命，生气勃勃。

空间中各种流线优雅的弧形相互交织、碰撞，盎然的绿植、林立的书海、舒厚的沙发，这里就是书与诗的写意生活空间。

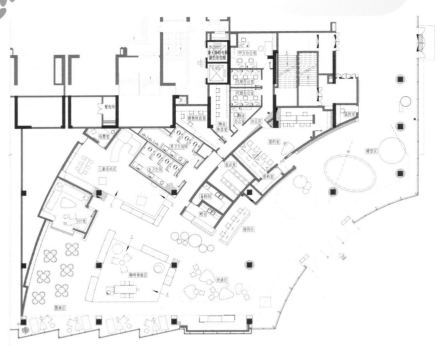

佛山保利悦公馆售楼部
Poly Yue Mansion Sales Department, Foshan

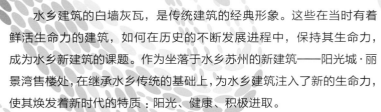

# 苏州阳光城·丽景湾售楼部
## Sunshine City and Lijing Bay Sales Department, Suzhou

设计公司：HWCD

水乡建筑的白墙灰瓦，是传统建筑的经典形象。这些在当时有着鲜活生命力的建筑，如何在历史的不断发展进程中，保持其生命力，成为水乡新建筑的课题。作为坐落于水乡苏州的新建筑——阳光城·丽景湾售楼处，在继承水乡传统的基础上，为水乡建筑注入了新的生命力，使其焕发着新时代的特质：阳光、健康、积极进取。

整个售楼处犹如漂浮在水面上的透明体块，有着简洁的线条、通透的质地、干净的接缝与细节处理。建筑将苏州园林中"亭"的意象符号化，提取大屋顶的要素，进行重构，形成了玻璃与金属材质的现代"水榭"。为了避免大屋顶的沉重感，屋顶造型简单，强调了水平线条和漂浮感。提取传统水乡建筑符号，进行抽象重组，打造出现代风格的水乡新建筑。而本次阳光城·丽景湾售楼处的室内设计则由HWCD设计团队担纲。

透明的玻璃外墙，塑造了开放外向的建筑性格。室外的自然环境被引入室内，增添了室内树影斑驳的自然气息；而室内极富创意的家具和装置也对室外展露无遗，吸引着来访者前来参观。夜晚，灯光透过玻璃幕墙投射出来，倒影在水面上，虚实的灯光交相辉映，使整个建筑充满活力和生机。

踏入建筑，首先映入眼帘的便是使用竹材装饰的柱子和吊顶。竹材为江南本土材料，象征着崇尚自然的设计主题，为整个空间奠定了健康、环保的整体基调。高耸的竹材装饰柱仿佛是六棵直指天空的"参天大树"，枝杈密布，生命力旺盛，它们枝叶繁茂，慢慢演化为天花上的装饰面。通过竹板疏密的排列，形成吊顶图案。曲线样式的图案与装饰柱的位置产生互动，强调了整个空间的一致性与变化性。通过刻画象征生长的树木意象，表现进取与蓬勃的生命力主题，为空间营造出自然的意境与舒适感，彰显了低碳设计的环保理念。

入口处为区域地图与模型区，漂浮于模型台之上的水晶丝带吊灯是整个室内的点睛之笔。其独特的造型，仿佛是条从空中飘落的透明绸带，在风中飘扬翻腾，无拘无束。它兼有水晶灯的功能和精致的特点，

并以其独创而富有设计感的造型，令人过目不忘，为空间注入了创新的活力。

"丝带"的另一端飘向充满青春灵动的洽谈空间。一反传统水乡的黑白用色，洽谈区采用了充满活力的橙黄色与苹果绿，为整个空间营造了青春悦动的气息。布艺和木质的洽谈椅、小树杈造型的洽谈桌，塑造了舒适轻松的氛围和春天般的自然与生气。

吧台区域的植物墙再次展现了自然主题，将生命力带入了室内空间。象征自然的深绿色、象征生长的木色，配合素雅的灰白大理石吧台，形成现代简约的主基调。植物墙上弧形与直线穿插分割，构成了一幅现代风格的平面构成画，而画的内容则取自传统山水画的意境，传统元素在现代的演绎下重获新生。

整个售楼处如同一份艺术品，传统的元素在现代手法下重构而焕发出新的活力。开放的建筑、悦动的颜色、富有创意的造型和无处不在的自然气息，为人们呈现了充满生命力的水乡新建筑。

# 深圳港铁集团天颂销售中心
## MTR Group Tiansong Sales Center, Shenzhen

设计公司：大易设计
设 计 师：邱春瑞
项目面积：2 500平方米

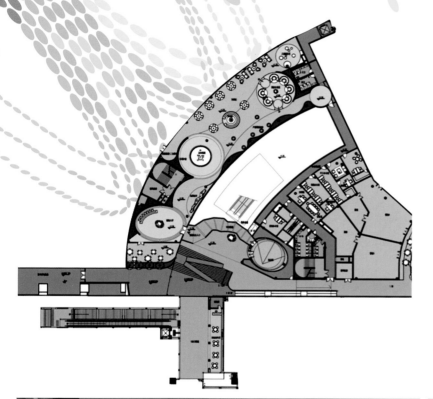

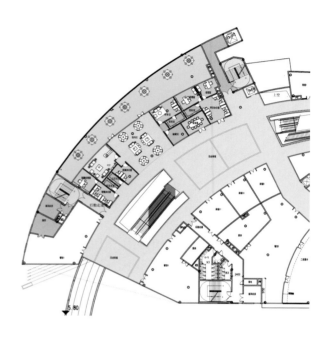

MTR Group Tiansong Sales Center, Shenzhen

本案位于龙华新城中心地区，是福田中心区发展的后备用地。扮演着代言城市未来的重要角色，致力于打造服务未来城市的高端客户群体的企业形象。

由于本次设计的定位是"服务未来城市的高端客户群体"，于是设计师给本次设计的关键词便是"简约""绿色"与"未来"。

在天颂销售中心的接待大堂位置，设计师采用大面积的米黄色长条纹云石作为地板的铺装，同时配合大面积的竹色木饰面作为立面铺装，最后将从立面延伸到天花的格栅作为装饰设计，使得身处其间的使用者仿佛置身于竹林之间，在钢铁混凝土的城市之中，也能享有竹林穿行的体验。而正立面则采用大面积的玻璃幕墙设计，给大堂提供了足够的光照，让我们想象一下，在一个清风和煦的下午，柔和的自然光线穿过玻璃，散落在暖色调的铺装之上，这将是一种何等的温馨和恬静，仿佛是给这喧闹的城市增添了一股淡雅的清新。

通过观光电梯，来到通往销售内厅的通道之上。映入眼帘的，便是光洁的米黄色云石地板铺装以及接近玻璃质感的黑色云石包柱，同时，设计师巧妙地将照明灯带布置于鹅黄色的云石饰面之内，再将其镶嵌在包柱之上，使得云石与包柱形成一种独特的对比，而包柱整体又与地面和天花形成了深浅的色调对比。层层对比之下，既给穿行其间的使用者提供了足够的体验乐趣，又增添原本乏味空间的层次感，使得原本简单的空间极具未来感和探索感。

穿过走道，便来到了销售中心的核心区域，即销售中心的商业洽谈区。在这一区域，设计师采用了软硬装混合的方式，分别提供了两种不同的商业洽谈空间。进入其中，首先接触到的是皮质沙发

组合而成的开放式洽谈空间，皮质的圆形沙发，既给使用者提供了足够的舒适度，同时也呼应了"简约"与"未来"两大设计主题，可谓环环相扣，处处呼应。而继续前行，则可以看到由圆形围桌组成另外一个商业洽谈区。区别于刚刚提到的开放式空间，这一区域采用的主要色调则以黑色为主，接近玻璃的反光材质和黑色的色调，给予了使用者以高贵稳重的视觉感受和使用体验。同时，围桌的设计形式也给予了使用者一定的私密感和安全感，由此也可以看出设计师对这一区域的透彻的理解以及对客户使用感受至上这一设计理念的贯彻如一。

除此之外，设计师考虑到甲方公司是一家香港的企业。为了贴合甲方公司处于沿海城市这一企业背景，设计师在天花的设计上也是匠心独运。大量的采用了仿水纹式的波浪形格栅。空间曲线的大量运用除了赋予空间未来感和国际范之外，还同时提供了海浪的空间意象和视觉传达，使人行走其间，如同行走于海浪之中，极具体验趣味和视觉享受。

# 绿地杭州华家池展示中心
## Greenland Huajiachi Exhibition Center, Hangzhou

设计公司：JWDA骏地设计

"北有未名湖，南有华家池"，在这块地杰人灵的土地上，住宅项目必然是打造杭州第一的高档楼盘。而作为该项目"华家池壹号"的展示中心，也承载着该楼盘先声夺人的重任。

经过多轮的选址，最终在最具景观优势的西南角，以架空建筑主体，融入自然的有机形态呈现整个展示中心的姿态。底层架空不仅能使得展示中心在周边环境中更引人注目，也使得西南角的华家池景观资源得以最大限度的利用。

展示中心景观、建筑、室内三位一体的设计，从销售流线、展示内容、空间层次，打造单向性串联式空间。从客户驶入地块、停车、接待、参观、洽谈到签约离开，独特的销售体验使得展示中心区别于以往的售楼处，建筑、室内空间力求达到高度的统一性，层层推进，步步精彩。在全过程体验中获得前所未有的感受，从而建立起对未来生活的梦想。

展示中心在设计上摒弃了传统的雕金镶银手法。在设计风格、材料选用、设备选型等方面，走舒适、简约的低调奢华路线，力求穿透间隔，直达人心最深处。底层架空的建筑空间使得室内视线与室外景观融为一体，给人一个立体而凌空的整体感觉。底层灰空间为销售提供了足够的活动空间。尊贵的连接、个性化的体验、建立持久的关系是本次项目的最终目标。

独一无二的空间建立起全程体验式销售网阵。由于展示中心是临时建筑，建筑设计从建筑结构到幕墙，在设计初期上就考虑到快速建造的需求。钢结构、模数化，各专业一体化的设计都大大加强了该项目对于时间、成本、质量上的控制。

整个销售展示中心呈现出悬浮的效果，为保证这样的效果，建筑在底层

仅设置最少量的结构支撑。二层建筑体量则向外悬挑，在最远处悬挑达到5米。展示销售模型的挑空中庭，40米长，20米宽，不设结构柱，室内不同高度的平台连接不同的功能，递进式的流线营造出不断的惊喜。双流线设置体现了对不同客户提供的专属性服务。

高度提炼当地人文特质，以水、云、龙为本项目的符号元素，运用各种表现手段为设计加入文化与艺术的基因。从外到内的优雅形象通过材质、图案、灯光等研究被精确的诠释。不同的材质组合展现不同的性质空间。石材、金属、木饰面、皮革、墙布等材料不同比例混搭，呈现或大气或优雅，或高贵或精致的不同体验。米色、亚金色、棕色、黑色的经典组合诠释着奢华却不张扬的基调，耐人寻味。

图案元素的刻画是本项目的精髓。从"水、云、龙"概念幻化出来的图形元素经过抽象、提炼，根据建筑、室内的不同尺度及应用部位，结合材料特性，展现出不同的视觉印象。以建筑表皮图案为例，通过一系列对穿孔孔径、孔距、穿孔及镂空区域的密度研究，最终呈现出丰富的室内外光影效果及建筑特征。室内图形由于更贴近人视范围，在图形复杂度上做了优化。图形在前后主门、室内屏风、楼梯栏杆、墙体嵌板中都能发现其身影。以最复杂的栏杆为例，单一图形发展出连续变化的复杂渐变图形。不同粗细的金属杆件组合在消化加工难度的同时更进一步加强了图形的立体感。室内外的图形元素是项目灵魂的体现，也是奢华感的不二代表。

泛光照明延续建筑"漂浮感"概念，仅对建筑二层结合内光外透进行局部补光照明。为保持建筑外立面效果，灯具均为隐藏式设计。

室内灯光结合设计效果，借鉴大自然丰富的光影变化，提炼出映衬、渗透、穿透等手法为各场景不同的需

求设定相应的光环境，使得空间更具层次感，也更柔和、舒适。通过专业测算，结合材质表现、构造工艺等因素，挑选最合适的灯具。不同的色温、配光曲线、照度要求、灯光形式都是重要的依据。场景化的光环境使得客户能完全融于空间内。舒适的体验是此项目追求的目标。

阳光以最明亮、最透彻的方式，与灵动的建筑空间交流，这是人与上天和梦想的约定。与人杰地灵相伴，含着金汤匙出生的华家池项目展示中心必定承载起"惊艳亮相""先声夺人"的重任。她凝结着每一个人的心血。项目千锤百炼，如新生儿之诞生般的珍贵。

只有这满含珍视与喜悦的每一次雕琢与磨练才能汇聚成最终的空间呈现。独一无二的空间无疑是建筑和室内的"爱情"结晶，空间与表皮的精致雕琢，让这尊贵、流动的主体建筑瞬间迸出又随即消隐，只留下文化与艺术基因的传承和对新奢华生活的全新演绎。

# 旭辉丰禄纯真中心售楼处
## Xuhui Fenglu Pure Center Sales Office

设计公司：涞澳设计
设 计 师：张成喆
项目面积：580平方米
主要材料：木饰面、铁艺

室内设计并不单纯是为了空间的塑造，更是某种情境抑或诗意的营造。旭辉丰禄纯真中心售楼处就仿佛有着灵魂，它是一颗来自森林的种子，在这里有它的朋友、家人，它们上演着一个个生动有趣的绿色故事。设计师张成喆巧妙地将这个故事通过借景、开窗、围合等手法展开，创造出一个独具生命力的方盒空间。

项目的层高达到6.5米，这个看似难以克服的缺点，却为设计师巧妙利用，化腐朽为神奇。在空间规划中，张成喆利用这个空间高度，实现了建筑中的建筑。他以单纯的原木材质组成积木式的体块，犹似方盒一般

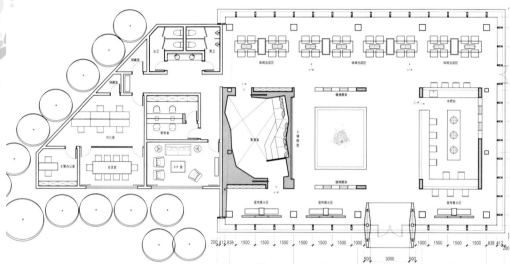

## Xuhui Fenglu Pure Center Sales Office

的空间，经过流线的重组，形成分合有序的趣味格局。金属植物架也以方形为构造，借由绿色植物，形成通透的分界面，让人宛若置身植物园的温室之中。随之，室内的满屋绿意与室外的自然环境相呼相应，完美融合。

为了凸显室内空间的温馨与舒适感，设计师还专门定制了家具陈设和灯光照明，一改售楼中心的空洞与缺乏个人色彩。天然触感的木材、金属与绿植，搭配柔和温暖的光线，营造出高端大气而又温馨舒适的氛围，现代简约的风格随即被注入人性化的元素。而紧邻入口的创意展示架更是为整个售楼中心增添一缕书香气息，文化与商业完美地融

合在了一起。

黑色的金属与天然木饰面相结合，成为图书、创意产品、童趣、绿植的展示空间。各种场景都适合在旭辉丰禄纯真中心里开展，商业洽谈、房产销售、休闲放松、临时办公、艺术展览……所有的故事吸引人们慢慢走近，在空间里找到童真、快乐，寻找一种梦幻的可能。

整个空间呈现开放的属性，绿植与木与金属形成共生的关系，设计师通过设计赋予空间新的内涵。最终，这个通透、开放的方盒子建筑，成了人们眼中的"景观盒子"。

# 水湾1979云端会所
## Bay 1979 Cloud Club

设计公司：于强室内设计师事务所
设 计 师：于强
项目面积：1 050平方米

"我们都是时间旅行者，为了寻找生命中的光，终其一生，行走在漫长的旅途上。"多少人向往"一次说走就走的旅行"，却不是每个人都有足够的勇气去实现梦想。

立于云端，让梦想如阳光照进现实，如同人们引起共鸣的水湾1979的理念。"You are what you live."—— 自我，是生活的反照。

作为水湾1979的战略级合作伙伴，于强室内设计师事务所在接到水湾1979二十四层会所的设计需求后，确定了基于空间本身得天独厚的景观资源，以"云端的旅行"为出发点，打造一个真正的"云端会所"的设计目标。

当24层的电梯门开启，清爽的视觉美感、独特的人文气质以及身心的极致舒适，是这个中空层高达8.2米的挑高空间给人的第一印象。一组白色复古旅行箱组合成了接待台，具有艺术气息的家具装点空间的同时给人极致享受，年轻人钟爱的波普艺术让空间灵动起来……"渐变"既是一种材质上的表现手法，同时也是设计内涵上的诚意表达，"在丰富人文背景的历史土壤里，孕育出新的时尚艺术，正是水湾的发展所带来的变化"。

从会所俯瞰，如同漫步云端，极目远眺之处海天一色，滨海城市的旖旎风景给人无限的视觉体验。当阳光透过整面的玻璃窗随着时间的变化折射出不同光影，你能感受到一旁高大的绿色植物在光合作用下生机盎然，与友人对坐喝一杯咖啡，这一场云端的旅行，心情明亮澄澈。

夜幕降临，洒落在视觉空间里的轻柔光晕，赋予了空间更多的气质内涵与视觉层次。漫步云端，灵动静谧的空间里流淌着浓浓的文化馨香与艺术氛围，静坐于舒适的沙发上，寻找一个能让内心平静的驿站，静观云端世界，告别尘世喧嚣，获得内心的宁静。

# 珠海横琴莲邦艺术中心
## Hengqin Lotus State Art Center, Zhuhai

设计公司：大易设计
设 计 师：邱春瑞
项目面积：3 000平方米
主要材料：钢材、低辐射玻璃、大理石、地毯、木饰面、铝合金、织布

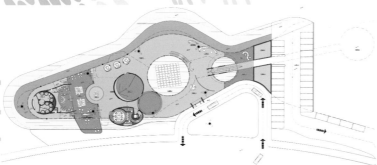
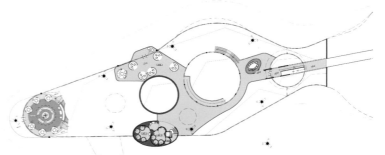

用地位于珠海横琴特区横琴岛北角，紧邻十字门商务区，用地东北面紧邻出海口，享有一线海景，景观资源丰富；与澳门一海之隔，更可观澳门塔、美高梅、新葡京等澳门地标建筑；东面距氹仔经 200 米，地理位置优越。

整体项目从"绿色""生态""未来"三个方向出发规划。从建筑规划设计阶段开始，通过对建筑的选址、布局、绿色节能等方面进行合理的规划设计，从而实现能耗低、能效高、污染少，最大程度的开发利用可再生资源，尽量减少不可再生资源的利用。与此同时，在建筑过程中更加注重建筑活动对环境的影响，利用新的建筑技术和建筑方法最大限度地挖掘建筑物自身的价值，从而达到人与自然和谐相处的目的。

### 建筑概念设计

整体建筑造型以"鱼"为创意，采用覆土式建筑形式，整个建筑与周边环境融为一体，外观像一条纵身跃起的鱼儿。该建筑与周边环境充分融合，覆土式建筑形式可供市民从斜坡步行至艺术中心顶部休闲娱乐，且同时可观赏到珠海、澳门景观。建筑中心区域通过通透屋顶的处理，建立室内外的灰空间，从视觉上形成室内外一体景观，做到了室内、室外充分结合。建筑周边结合园林绿化设计，通过水景过渡及雕塑、装置艺术品等的设置，增加艺术氛围，形成滨海的、艺术的、人文的、自然的公共休憩场合。

雨水回收：通过采集屋面雨水和地面雨水统一到达地面雨水收集中心，经过过滤可用于其他用途，如卫生间用水、景观用水和植被灌溉。

能源回收：建筑外墙体通过使用能够反射热量的低辐射玻璃，尽可能多的引进自然光，同时减少人造光源。建筑覆土式设计采用自然草坪，在一定程度上形成局域微气候，减少热岛效应，隔热保温，能够高效的促进室内外冷热空气的流动，降低室内温度到人体接受范围。

### "室内是建筑的延伸"

首先考虑建筑外观以及建筑形态，在达到审美和功能性需求之后，把建筑的材料、造型语汇延伸到室内，并把自然光及风景引进室内，将室内各个楼层紧密联系，人文环境相互律动，是室内空间的节奏。

### 动线安排

室内部分共分为两层——展示区域和办公区域，客户在销售人员的带领下首先会经过一条长长的走廊，到达主要区域，在这里阶梯式分布着模型区域、开放式洽谈区域、水吧台以及半封闭式洽谈区域。在硕大的类似于窈窕淑女小蛮腰的透光薄膜造型下，可以纵观整个综合体项目的规划 3D 模型台。阶梯式布局采用左右对称设计，左边上、右边下，一路上都可以领略到窗外的风景。靠近澳门的这一面，采用全落地式低辐射玻璃，在满足光照的前提下，可以很好地领略澳门的风景。绕着一个全透明的类似于锥体的玻璃橱窗——这里也是整个不规则建筑体最高处，达到 12 米高——可以到达二层区域的办公区域，在挑高层一侧可以清楚地看见一层的主要工作区域。通过圆柱形玻璃体内侧的弧形楼梯可以到达建筑的屋顶，澳门和横琴的景色尽收眼底。

# 宝鸿接待会馆
## Baohong Reception Center

设计公司：原形设计
撰　　稿：苏圣文

**稻禾中央**

　　这是一座快速成长的都市，数十年一瞬，万顷阡陌片刻就成为高度密集的都会中心，走在这些繁华的街市，时尚、科技、便利又快速流动的一切，往往让我们忘了它最原初的样貌，究竟是何种模样？唯有在旧城的边缘，方能找到那些曾出现过的蛛丝马迹与尚未开发的田园景致，这一切都让人回想起孩提时代，那些与自然紧密相连的成长环境，仿佛蝉鸣鸟叫就在耳边，一箪食、一瓢饮的生活就近在咫尺。

　　本案位处园道旁，临近旱溪的台中市南区，在这个新与旧之间，都市中心与郊区交界的区域，设计师希望能营造出仿佛居于乡间恬静住宅般的感受，一方面彰显出老台中独有的城市样貌，另一方面也能产生将空间融入大自然中的氛围。建筑整体以均质的垂直水平线条构成，在外观设计上，入口处立面以垂直的木作材质拼贴，

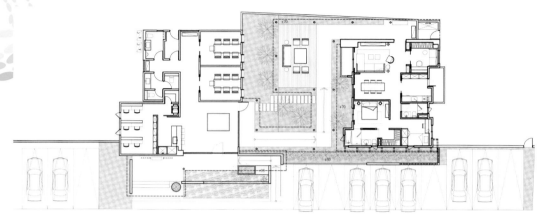

搭配长形的灰色墙面，辅以水平向的开口，并在开口内种植大量灌木，以此营造出旧时住宅与人和环境之间的亲密尺度。

　　走入内部，一座广大的中庭花园映入眼帘，设计师在中庭内大量种植形似稻梗的黄莺尾，并以澄澈的水道流淌其中，以求营造出仿若置身翠绿稻田中的田园氛围。同时，又以白色水平屋檐搭配细黑圆柱的穿廊，简约的白墙黑柱，就像是从田中央长出的一隅农舍，营造了过往自给自足、悠然自得的闲适生活方式。室内空间延续外观以白墙为主，黑色构件为辅的利落形式，同时也借由孩童嬉戏、拔河的塑像，活泼了极具现代感的冷调设计，让纯真及与自然亲近的思维，由外而内地反映在建筑物所散发的气息中。这是一个人与土地没有隔阂，空间内外不存在界限的家。

# 深圳宇宏健康家园售楼部
# Yuhong Health Home Sales Department, Shenzhen

项目开发：深圳宇宏投资集团有限公司
设计公司：深圳大易室内设计有限公司
设 计 师：邱春瑞
项目面积：1 000平方米
摄　　影：大斌室内摄影
主要材料：绒布、皮革、伯爵米黄、都市灰、木饰面、木地板、香槟金不锈钢、
黑钛金、银镜、茶镜、艺术夹丝玻璃

　　宇宏健康花城位于新罗湖国际公园住区，尽享 78 万平方米的石芽岭体育公园，属高负氧离子的生态国际人居典范。而作为宇宏花园城的门面，其销售中心起到统领整个小区设计风格的作用。销售中心的室内设计风格以及设计理念，在很大程度上也代表和传达了整个小区的设计水平和设计理念。因此，本次设计中，如何将城市居住和城市印象结合在销售中心的设计中，则成为设计师在本次设计中的主要方向。

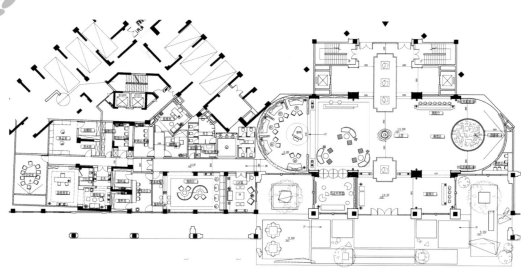

在本次设计中，设计师对材料的选择也可以说是煞费苦心。大面积地运用了米灰和米黄两种色调的云石进行铺装，以求达到一种成熟稳重的大气感。在局部的设计上使用了金属和镜子作为铺装的转折，既不失云石带来的沉稳和大气，又同时能够享有金属质感带来的城市感和未来感，给人一种成熟而富有活力的视觉冲击。

从大门进入销售中心，最先映入眼帘的便是正对大门的水池。在大门正对的位置摆放水池，既有"以水为财"之意，又有丰富空间、活跃视线的作用。设计师还在水池有独具匠心的设计，内凹式的隐藏

出水口除了有出水的功能外，还有对外喷雾的功能。在极大程度上加强了视线的趣味性的同时，利用水雾的腾升和散落，在视觉上还创造上了近景、远景以及雾景等多重景观，丰富了原本过于简单的空间。在极具现代感和城市感的硬朗设计中，又添加了传统江南水乡园林造景的手法，给原本过于硬实的设计又增添了一份独有的柔情。软硬之间，虚实之间，远近之间，形成了三重不同的对比，既保持了原本设计的简约，又增加了室内空间的趣味。

至于镂空的灯光天花，则更是本次设计的画龙点睛之笔。设计师没有选择简单而传统的天花设计，而是在天花上，规则有序的进行开孔，使天花镂空，并在其间安置小型的 LED 灯泡。让星星点点的灯光从天花上射落下来，犹如镶嵌在夜空中的星光，每一颗都在闪耀着属于他们的星光与梦想。而当你自下而上整天观看的时候，无数的光点则有序的排列组合成了如地王大厦和京基一百这样的深圳地标式建筑。让原本只是作为结构补充的天花也变得趣味横生。

# 上海院子雅院售楼中心
## Shanghai Yard Ya Yard Sales Center

项目开发：路劲地产
设计公司：壹舍设计 方磊设计师事务所
设 计 师：方磊
设计团队：马永刚、顾立光、张赜禹
视觉陈列：李文婷、周莹莹、张梅林
项目面积：1200平方米
摄　　影：Peter Dixie洛唐摄影
主要材料：橡木染色、鱼肚白石材、米灰洞石材、拉丝金属镀钛、冲孔板

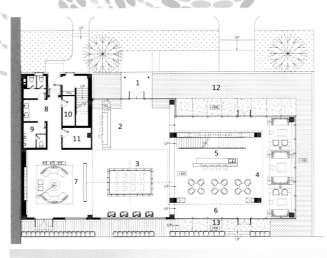

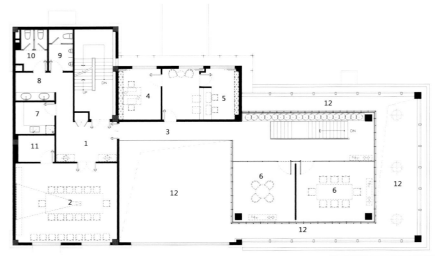

这幢由三个盒子组成的建筑是方磊的最新作品——路劲地产上海院子雅院售楼中心。从建筑到景观再到室内，他将自己的设计哲学完全融入了这个作品。空间分上下两层，以三个长方体块依次堆叠，外立面是覆盖着森林图案的白色冲孔板和镂空几何元素外墙，强调了盒子之间的主次关系，形成分明对比。建筑的方形与图案的构成体现出力量与柔美的结合，还充分表现出设计师的设想，表现自然与建筑和人的直接关系。三个盒子相遇的空间，设计新颖，结构独特，是方磊融合东方建筑哲学与现代设计元素共同"搭建"而成的。

设计师利用差异化的材质和细节来丰富外观的层次感，营造出现代简约又贴近自然的体验。

一层入口处的中心位置是楼盘展示区域，可从各个方向到达，为销售和展示过程中随时观看提供便捷。一层包括了接待区、水吧、洽谈区、VIP 休闲区等区域。室内设计延续建筑设计的风格，空间之间自然分割又各有互动。门外的水景，透过玻璃映入室内，让来这里的人们身心都放松下来。

设计师很讲究空间的韵律感与舒适性，水吧区、楼梯和书架陈列的设计，利用高低错落关系营造空间变化，使空间更富层次。

水吧区上方是 VIP 签约室，这里被设计成单体架空的内部盒子，恰好变成了装在盒子里的神秘空间。立面与外墙为相同的元素，相互呼应，体现了建筑与室内的统一。

洽谈区，巧妙地对空间虚拟分割。方盒子建筑内搭配几盏圆形吊灯，方与圆的搭配，既柔化了方形建筑的硬朗又契合了东方的传统。

楼梯与书架的结合，让文艺气息弥漫在整个空间。楼梯顶面透光设计，把阳光纵向引入室内，这使得这个空间变成一个最贴近自然的建筑。

为保证空间的通透视觉，沙盘上方被设计了高达 7.3 米的挑高空间，点状与线状组合的吊灯贯穿其中，让两层空间形成互动。

设计师方磊在这个建筑中大胆的使用现代美学手法与结构层次布局，给空间创造了无限可能性。通过对自然光横向纵向的多维引入，用有呼吸感的建筑表皮元素，配合建筑的设计哲学，使空间与自然和人产生共鸣。

# 西安西恩售楼部
## Sean Sales Department, Xi'an

项目开发：西恩置业有限公司
设计公司：深圳市伊派室内设计有限公司
设 计 师：段文娟、郑福明

　　本案以几何图形装饰和流畅的线条作为主题元素，体现出空间的时尚与现代感。设计风格延续了建筑的现代、简洁、开阔等特质，流畅的线条与几何图形的结合完成空间立面的处理，给参观者带来简约、优雅、愉悦的感受。整体的暖色调点缀着局部的跳跃色，让空间充满时尚与特色。

　　几何造型设计的入口处理，木饰面背景的整体墙面，钻石沙盘底座与接待台相呼应。整体以木色为主调，沙盘上大型吊灯是以飞翔的鸽子环绕着沙盘而飞的设计，凸显空间的气势磅礴，宛如这里便是梦想的天堂，令人们对迎面而来的沙盘印象深刻，而飞翔的鸽子与钻石沙盘底座完美结合起到先声夺人的效果。

　　天花用交错的线条把主题元素表现得淋漓尽致的同时，又与线条感的前台背景、几何图形的地面与钻石接待台相结合，前台的灯用大小不同、宛如天空上繁星的吊灯，既点亮了空间又柔和了氛围。

　　在景观区，设计师运用蓝色的琉璃玻璃与荷花搭配，宛如几只栩栩如生的蓝天鹅在荷花池里嬉戏，使人眼前一亮。洽谈区棕色的几何图形地毯与硬装的几何图形大门形成呼应，绿色休闲椅在空间中则更为显眼。卡座区上的背景墙用宛如楼房般大小不同的木块，组合成一个城市的鸟瞰地图。而旁边的白色大树被鸟儿环绕而飞，在那里时不时地吸引着人们的目光，使人想上前探一探究竟，使每个空间都完美地展现了它的特点与内涵，令人流连忘返，身处其中久久不能忘怀……

# 旭辉·铂悦·庐州府销售中心
## Xuhui Platinum Wyatt Luchowfu Sales Center

设计公司：牧笛设计
设 计 师：毛镜明

铂悦·庐州府坐落于安徽，安徽是国家文化历史名城，是中华文明的重要发祥地。牧笛设计抽象提取安徽文脉，运用当代摩登设计手法，将东方哲学与艺术融入设计之中，尝试着找到能与当下中国精英对话的空间语境。

牧笛设计将中国古典的园林意境引入空间，以错落迭进艺术化的方式来建立空间秩序，并用极致的对称营造稳定庄重的空间感，使其不仅有宏大气势，亦具有江南园林的典雅之美。

# 一峰青接待会馆
# A Peak of the Reception Center

设计公司：原形设计
撰　　稿：苏圣文

　　本案位于台中北区，基地周围为都市纹理复杂的新旧交界地区，在这样的区域范围内，除了各种不同时期与风格的建筑物争相辉映，亦有广大的绿带、公园、植物园、博物馆与绿园道散置周围，以及市场、新旧房舍交织其中，呈现出东方街市典型的纷乱、杂沓，一种百花齐放的特有景致。

　　设计师以复杂的环境条件作为设计发想，以创造喧嚣都市中的寂静绿洲为主轴，意图在空间中，营造出有别于基地场域外过度纷扰、喧闹的都市氛围。在立面设计上，以黑白两色为主体，强调水平向度的长形开窗。L形外凸的屋檐由地平面一路延伸至天花，内侧饰以温润的暖色木质材料，营造出通透、大器，又蕴含细致质感的入口氛围，借此创造出内与外、寂静与纷闹的无形界线。

　　进入室内空间，延续建筑物外观给予人纯粹、通透的感受，设计上，设计师也避免使用过多人为修饰和处理过的材料，保留材质本身最原初的特质，铺陈出一种将空间融于自然，简约中带有沉稳的宁静体验。大量的落地开窗，将内外花园的植栽景致融入室内，并借由错落的木格栅墙，让光影的投射产生虚实交错的变化，丰富了单纯空间内的层次肌理。

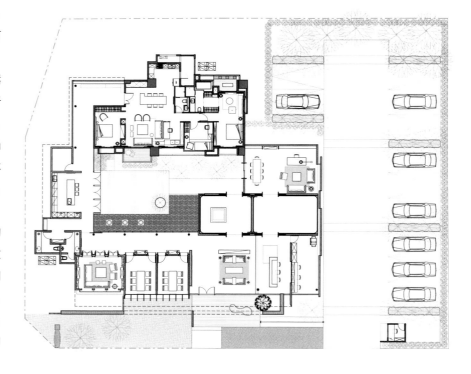

直而朴实的回廊伫立于室内空间内侧，作为内与外的中介，通过简单的几件雕塑作品，营造出仿若置身艺廊内的空间质感。一窗之隔，即可见精心设计的中庭花园，长形水池搭配木质平台与黑白相间的沙发座椅，扶疏的灌木与池内的水生植物相互辉映，创造了全然放松的闲适户外空间。由外而内，让置身其中的观者，仿若经历了一趟身心灵舒压的完美体验，压迫都会荒漠中的珍贵绿洲，尤甚于此。

# 沈阳星汇云锦销售中心
## Star Winking Sales Center, Shenyang

项目开发：越秀集团
设计公司：尚策室内设计顾问（深圳）有限公司
施工公司：深圳市奇信装饰设计工程有限公司
主案设计：陈子俊
设计团队：李奇恩、曹建粤、林成龙

摄影师：陈思
项目面积：1 350平方米
主要材料：所罗门石、金香玉石、雅典娜灰石、白
玉洞石、雅士白石、灰木纹砖、白橡木地板、黑檀
木饰面、玫瑰金钢、手绘墙纸、布料

　　沈阳历史文化底蕴厚重，有着许多明清皇朝和民国时期的历史遗存。根据本案所在城市背景特色，整个设计着重气派及空间感的展现。设计师在销售大厅中使用了超过2万条水晶条组成星河型水龙水晶灯饰，将一道闪烁灿烂、立体流水造型的水晶灯展现在销售大厅的上空，以及地砖反映出流光溢彩的效果，给人一种前所未见的震撼！特别是墙身以超过1 500个大小不同的金钢菱形图案构成的背景墙，无论视觉及技术均达到高水平的要求。最终，项目在设计、成本、施工时限的挑战下，整体效果均达到了客户对高质量的要求。

洽谈区时尚华贵的家具，衬以玫瑰金的饰品及墙身造型，尽显其高雅的底蕴与摩登的姿态。

墙身金钢菱形图案打造出独特前卫的背景墙，黑色亮光漆木质结合回纹饰曲线条造型、现代感十足的玫瑰金钢、精致而时尚的配饰，奢华前卫的气息弥漫着整个空间。

宽敞大气的签约室，米灰色的基调，加之天然石材和玫瑰金钢的结合，让空间尽显稳重、华贵。

卫生间，大尺度的空间感受，结合黑白天然石材的运用，加以玫瑰金钢的映衬，细节之处尽显尊贵感。

摩登、华贵的气息弥漫着整个空间。

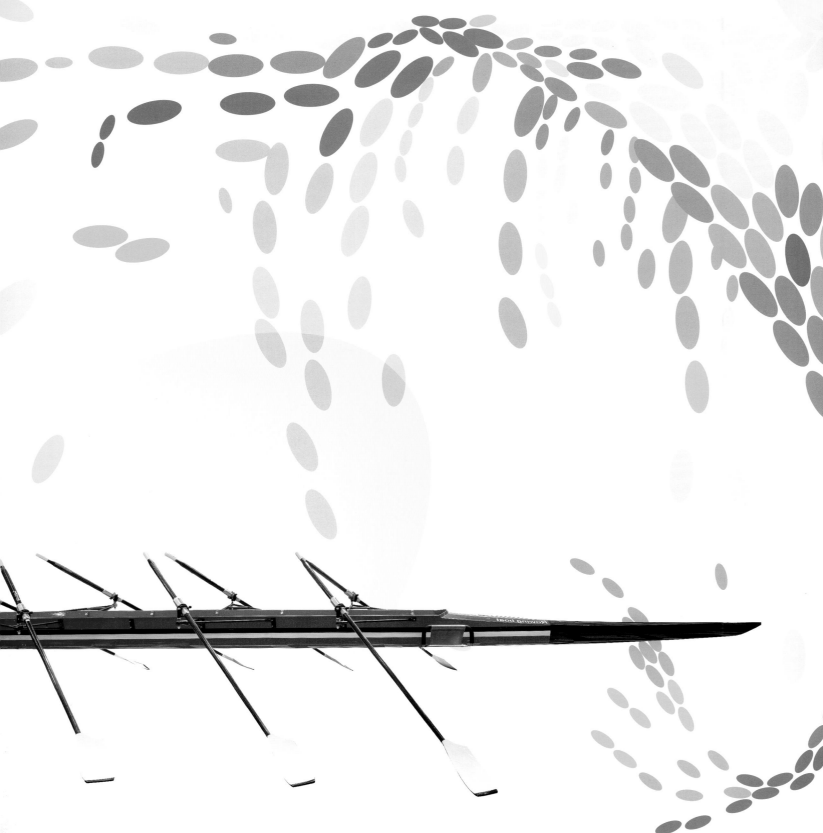

# C | Foreign Country Sentiment
异域风情

# 沈阳华润二十四城售楼处
## CR Twenty-Four City Sales Center, Shenyang

项目开发：华润置地（沈阳）有限公司

设计公司：李益中空间设计

设计团队：李益中、范宜华、熊灿、黄剑锋、欧雪婷、孙彬、叶增辉、陈松华、胡鹏

建筑设计：上海天华建筑设计有限公司

项目面积：2 200 平方米

主要材料：啡金石材、贵族灰大理石、淡雅灰石材、雪花白大理石、钢化玻璃、银镜、黑色镜面
不锈钢、黑砂钢、古铜钢、深色木饰面、浅色木饰面、墙布硬包、皮革硬包、实木地板、地毯

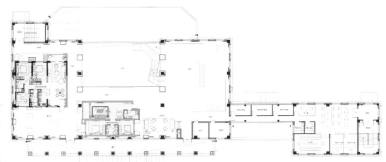

重述历史，构筑人文新空间

人文是脚下的印泥，

是我们坚定的信仰，

是世代相互的尊重，

是故事沉重的载体。

沈阳华润二十四城售楼处坐落于沈阳老工业基地铁西区，新的规划与改造变成当今铁西的发展主题。

从 2008 年贾樟柯描写产业工人的《二十四城》到全国第五座华润二十四城的诞生，我们很荣幸能与华润带着情怀与故事来一起承接这样的"旧改"任务！

德国艺术家安塞姆·基弗说：我不是怀旧，我只是要记得。

那么，你记得脑海中这样的沈阳吗？我们不想呈现老铁西，但更

不希望我们去遗忘。 我们通过极度现代的线条与老铁西的红砖门拱使其产生强烈碰撞，思绪在两个时空里来回穿梭，被设置的树成为时空碰撞的调和剂，整个售楼中心的空间诉说着时间、生命与人文。

我们将老工业时代的机械和照片陈设于室内空间，从前的画面被呈现，古老的场景被描述，如同历史的博物馆般，但不同的是，我们能如此惬意与安详。

沈阳华润二十四城如同一杯浓郁的卡布奇诺，味道浓厚让人回味，我们不仅营造空间的精致感与品质感，同时在这里重述文化写下故事。

太多的历史在这里发生，太多的记忆被定格在这里。当午后的阳光肆意的洒入连拱的廊道，你是否也会和我们一样去好奇这里曾经讲述着哪些动人的故事。

有人说，喜欢这里的午后，让人着迷于阳光洒在老建筑的感觉；

有人说，喜欢这里的树影摇曳，斑驳的树影与咖啡的香味弥漫着整个销售中心；也有人说，习惯在这里坐上一会，因为这里有说不完的故事。

# 北京万科翡翠公园售楼中心
## Vanke Jade Park Sales Center, Beijing

设计公司：上海ARCHI意·嘉丰设计机构
设 计 师：陈丹凌
主要材料：木头饰面、天然石材、钛钢板、铁丝
网、超薄岩板、肌理漆、铜箔漆

　　北京万科翡翠公园售楼中心的建筑原型是一栋始建于 1864 年，坐落于波士顿纽伯里大街的历史古建。建筑早期为大型百货商店，后曾被改造为当地的自然博物馆，现在是美国著名家具品牌 Restoration Hardware（RH）的展厅。典雅的褐石建筑外观，恍若时光倒流回十七、十八世纪。而空间内部的设计，则由上海 ARCHI 意·嘉丰设计机构一力担纲，以"时空穿越之旅"为主题，从传承城市文脉的高度，在致敬自由、向上的波士顿国际精神的同时，通过现代摩登的设计手法呈现空间感官。

整幢建筑上下共计三层，内部结构局部再现了百余年前修整成商业展厅时的样貌构造，呈现中央轴对称布局，方正严谨。挑空中庭门厅将空间纵向贯穿，由一架带有强烈大工业时代特征的景观电梯装饰，以恢宏气势书写古典气韵，宛如奏响一曲磅礴的交响乐。门厅位置摆放的赛艇装置艺术由于撑开的船桨而呈现三角放射状的几何图形，恰与其身后工业味十足的玻璃钢架电梯相得益彰，将怀旧与当代完美融合，成为空间中当仁不让的亮点。

门厅正下方的大理石地面，以黑白相间的几何图案打造出似动似静的流畅韵律，形成充满现代气息的强烈视觉符号。

一层主要空间包括销控台、水吧台、沙盘展示区、公共接待厅等。门厅左侧，现代感十足的弧形 LED 屏休息区体现出工业元素的摩登表达，与琉璃水晶灯、古典风格家具形成充满张力的戏剧性对比。

右侧为沙盘展示区，天花铜箔漆在灯光下泛出金色光泽，带出一种流金岁月的怀旧感。

沙盘展示区的尽头，连接着公共接待厅。在这里，复古的深色护墙板、Art Deco 风格的家具、灯饰，让人仿佛置身于 20 世纪 30 年代的老电影场景中。沉沉垂下的丝绒落地帘，以一抹慑人心魄的翡翠绿色，呼应项目"翡翠"之名的同时，尽显雍容之气度。

水吧区，原木、大理石、金属等多材料的混搭，演绎出摩登时尚的空间感官。当空间里的点滴细节都披上了怀旧优雅的外衣，便会令人在恍惚中不禁疑惑是否已然穿越时空隧道，一睹旧日华彩。

二层区域涵盖 VIP 休息区及"住宅性能体验馆"定制空间展示区。设计团队对软装配饰的整体构思基于波士顿城市精神中自由、博学、进取、昂扬的一面，进行创新和演变，绝非对地方特色的粗浅复制，而是以精神提炼与思维创新的方式，使得传统与现代、东方与西方在同一空间相融共生，由此焕发崭新的生命力。

两列苍翠绿树拔地而起，将自然灵气与盎然生机引入室内。

超薄复古板岩的铺设，会同天花之上八边形凿井组合，则表达向经典传统的建筑艺术致以敬意，这一新一旧之间的强烈比对，恰是诉说着：新与旧并非对立，古典与现代也无需割裂，这才是设计的真谛。

洽谈区简约而不失精致的家具陈设，营造出放松惬意的洽谈氛围。抽象几何元素的地毯、螺旋形的边几、古典样式的宝石绿色扶手椅，不同时期的风格元素在这里碰撞融合，每个精致的细节都在诉说时光的故事。

波士顿的教育事业在美国首屈一指，这里学府林立，文化氛围极为浓厚。因而，VIP 区域的设计思路融入了波士顿学院图书馆的氛围，墙面上装饰的院徽、昔日的学院旧照，成为独特的装饰风景，收藏了属于那个年代的情感记忆。

盥洗室运用不同材质的大理石，以细腻质地与自然肌理渲染高雅气度，同时搭配金属元素与灯光效果，演绎出复古兼具时尚的氛围。

# 上海英庭名墅会所
## Yingting Villa Club, Shanghai

设计公司：梁志天设计有限公司
设 计 师：梁志天

英庭名墅坐落于徐泾国际别墅板块，是泛海国际集团和资本策略地产联手打造的独栋别墅群。

英庭名墅从项目的建筑外形到内部装饰完美移植伦敦英式大宅，以乔治亚风格的经典建筑完美呈现纯粹英式生活精髓，从形态到神韵无疑是英伦风尚的最佳诠释。

乔治亚风格是集大成的一种风格特征，它有巴洛克的曲线形态，又有洛可可的装饰要素。文艺复兴流传下来的古典主义在当时著名建筑师帕拉迪奥的手下发扬光大。现在常见的传统欧洲的建筑风格基本上都是以乔治亚为原型，乔治亚风格的主要特点包括：

1. 帕拉迪奥的古典比例，罗伯特·亚当油漆金丝装饰。

2. 门廊要素，门头的扇形窗，六嵌板的标准门形式，廊檐下有长方形排列，屋檐上有齿饰。

3. 窗户的六对六的标准分割，简化了窗棂线脚的处理，推拉窗的普及。

4. 欧式家装传统的三段式墙面的风格方式：墙裙、墙面、檐壁。

5. 壁炉大约从这个时候起也成为装饰的重点。

上海英庭名墅会所综合了乔治亚风格的主要特征，将丰富的建筑语汇融入到空间设计中，以豁达的空间布局，严谨端庄的设计手法，沉稳凝重的色调，创造出极具乔治亚风格的名流汇聚高端会所。

入口大厅双层挑高，对称式布局更显庄重得体。侧面接待台背景墙三段式布局是典型的乔治亚风格。中心位置以英式藏品展柜为屏，后设骑马弯弓雕塑，尽显艺术气息。

顺着楼梯旋转而上，楼上有恒温泳池、红酒雪茄吧、健身房、阅览室等设施，还配备了由全球著名游艺设施设计师David Taylor 设计的儿童天地。除儿童天地之外，空间的设计保持一以贯之的凝重高雅，以马为主题的雕塑和艺术品随处可见，可谓"马到功成，英雄相惜"。会所也将成为英式尊贵生活的体验地与名流会面的聚集点。

# 金地江南逸售楼中心
## Gemdale Jiangnan Yi Sales Center

项目开发：金地集团
设计公司：杭州易和室内设计有限公司
设计总监：马辉
摄影师：啊光
项目面积：470平方米
主要材料：墙纸、不锈钢仿铜、石材、皮革硬包

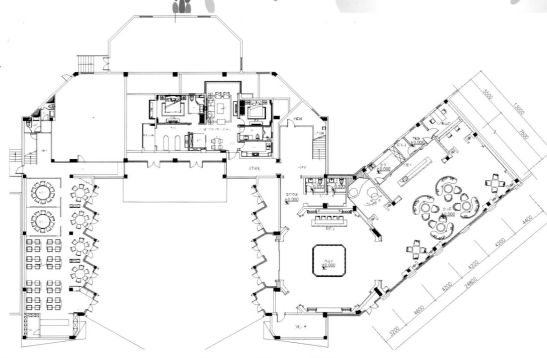

金地江南逸售楼中心，又被称为"乐乐小镇里的国际范儿"，项目规模 470 平方米。金地江南逸位于素有"金华硅谷"之称的乐乐小镇，其空间格调与国际化、智慧化风格的城市中心高端住区一脉相承。

江南逸把我们带进了一个充满时尚、潮流、优雅、科技的"国际范儿"大时代空间，颠覆了人们对金华这座城市的传统生活印象。设计师的灵感来源不仅仅是一种引领，一种视野，更是一种凝聚。融合建筑设计与当地人文的特点，借助古铜、石材、玻璃等材质的装饰效果，点缀异域风情的定制墙纸，搭配中国传统回形花纹，加之穿梭着迷人光影的都市风采陈设艺术品……独具魅力的空间质感与软装时尚潮流的追求相契合，最终呈现出金华的"国际范儿"。

### 沙盘区

置身于整个空间中最时尚最优雅的中心，徜徉在璀璨迷人的水晶吊灯下，从一个充溢着中国传统回形花纹光影的空间里，瞬间又穿越到素描淡彩的繁华伦敦。这种颇有创意的中西合璧奢华体验，一下子打动了所有人的心，"国际范儿"的都市生活不再是一段人生绮梦。

### 洽谈（水吧）区

感受江南逸的夜生活，一定要来体验与众不同的洽谈区。恍如游走在复古摩登的伦敦街头，时尚的酒吧风格独特，浮华的艺术装饰风扑面而来，怀旧的灯光替代了炫彩迷离，坐下来轻松愉快地交谈吧，奇妙的空间氛围带给你高居云端的尊贵体验。

**看房通道**

　　一改过去看房通道的呆板印象，整个空间呈现出活色生香的"国际范儿"时尚生活。艺术化的装饰图案，既是墙体，又是外部装饰。现代的装饰墙纸和中国回形花纹窗棂，在这条通往"国际范儿"都市生活的未来之路上，你可以选择去乐乐小镇的购物中心、时尚餐厅转一转，也可以到附近的艺术中心欣赏大师的佳作。总之，只有亲自走过一趟，才知道妙不可言。

　　无论在空间的哪一个角落，你总会找到一种你喜欢的格调，享受"国际范儿"的都市生活，置身其间、陶醉其中、嗨歌人生。

# 青岛·胶州半岛城邦售楼处
## Jiaozhou Peninsula City Sales Office, Qingdao

项目开发：中洲控股
软装设计：江磊、杨李浩
项目面积：1 150平方米
主要材料：奥特曼大理石、雪花白大理石、都市
灰大理石、橡木饰面、印度尼西亚酸枝木地板、
黑酸枝木地板、手绘墙纸、香槟金拉丝不锈钢

　　胶州史志记载：自塔埠头至淮子口水域，别名少海。唐宋以来，福建、淮浙商船，扶桑、高丽客轮停泊于此……秋冬之交，商客云集，千帆林立，甚是壮观。故以海上丝路为设计源头，通过融入不同地域的元素，再现当时少海不同文化交融的景象。

　　南洋混搭风格，将每一个元素精简提炼，营造出温馨与雅致、高贵与感性共融的空间，实现传统与现代、东方与西方的跨界交融。在少海边，南洋混搭风格的完美之作，也是设计的一种全新的演绎与尝试，给置身其中的人留下不可磨灭的审美印象。

Jiaozhou Peninsula City Sales Office, Qingdao

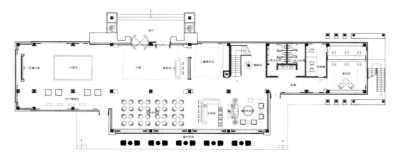

## 大堂

　　大面积浅色基调赋予空间一种宁静的雅致，传递一份舒适自在的感觉，低调中的高雅，华丽中不失庄重。设计师将青岛历史脉络通过老照片的形式再现，让岁月的痕迹印刻于心。销售服务台上蒂芬尼款式的台灯刚柔并济，更衬托出古典、优雅、不凡的品位。

　　步入大堂，映入眼帘的是一抹代表祥瑞的紫色，设计师通过浓郁的色彩点亮整个空间。

### 洽谈区

南洋混搭风格肇始于民风各异的东南亚殖民时期，独特的气候特征与显著的地域文化融入，成为其贯穿始终的风格灵魂。此空间采用乔治时期原木色家具呈现怀旧质感，黑与白的经典对比加上略显质感布料，蕴涵着一种不露痕迹的低调典雅的气息。艳丽花艺亦是用来渲染气氛的最佳饰物，背景墙面的组画将不同时间与地域的经典进行融合，让南洋混搭风格表现得淋漓尽致。

**深度洽谈区**

尊贵的深度洽谈空间，承载的是时光印迹，带你重温 19 世纪的经典对话，设计师将经典款沙发与帝国风格、中式风格饰品肆意混搭，配上粗毛手工编织地毯、艳丽的洛可可时期的宫廷油画，将多种风格以夸张的手法打造，带给你超乎一般的视觉盛宴。

**水吧区**

经典的装饰风格灯具，包含平衡与对称的几何构成，配上法式经典吧椅，充满戏剧与优雅。

**洗手间**

**楼梯间**

楼梯间的布置如艺廊一样，让每一个梯步都带你重温经典，与名家大师进行情感的沟通。

**儿童阅读区区**

儿童阅读区是营造体验式图书馆与绘画的空间，极具趣味性、娱乐性，传递一份成长的欣喜，让小朋友们乐享其中。

# 杭州中天九溪诚品售楼处
## Zhongtian Jiuxi Chengpin Sales Office, Hangzhou

项目开发：中天集团
设计公司：杭州易和室内设计有限公司
设计总监：马辉
设计团队：李扬、钟丽仙、沈肖逸

摄 影 师：啊光
项目面积：470平方米
主要材料：皮革、丝棉、棉麻、金属不锈钢、
水晶、黑色亮光漆

中天九溪诚品售楼处，又被称为"九溪吹来的轻奢自然风"，项目规模470平方米。项目位于杭州之江国家旅游度假区内，拥有名闻江南的梅坞早春、云栖竹径、九溪烟树等举世美景。在这样一个生态环境极佳的地方，设计师不失时机地融入当地原生态的自然元素，并尽可能多地捕捉建筑的古典元素，给购房者营造了一个身临九溪烟树，体验轻奢自然风的独特销售体验空间。

"轻奢"代表的是一种优雅态度，低调舒适，却无损雅致与奢华。售楼处隐藏在一片远山绿林中，整体空间强调体块、色彩和主题营造，充满了对轻奢生活的憧憬之情。设计师极为钟爱大自然，小鹿、森林……自然是必不可少。建筑外观的杭派古典美巧妙地衔接室内空间，演变

成了白色木饰面的叠级和黑色不锈钢线条的勾勒。深色木饰面的搭配则来自卢浮宫的经典造型和比例，古典与时尚的对撞，惊艳了整个项目。

家具和饰品的选择依旧延续这个思路，最终展现出一个极富时代感、设计感并且艺术性和实用性完美结合的销售空间。

**接待区**

一进门就被经典潮流又带点轻奢华的艺术氛围所吸引，背景墙上一头欢腾的小鹿跃然而出，好像在迎接每位宾客的到来，不断映入眼帘的还有地面大面积的古典拼花图案和遥相呼应的炫美顶灯。在森林般的九溪诚品，挟裹着鹿鸣花影的高贵品质，这里外洋溢着优雅的自然风。

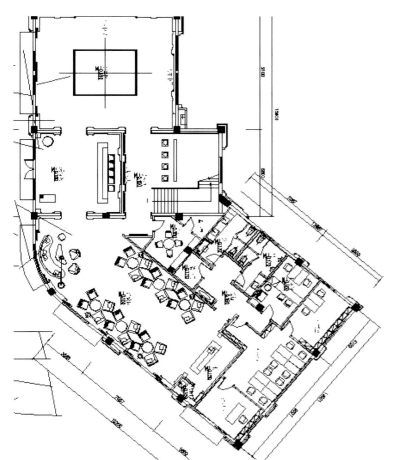

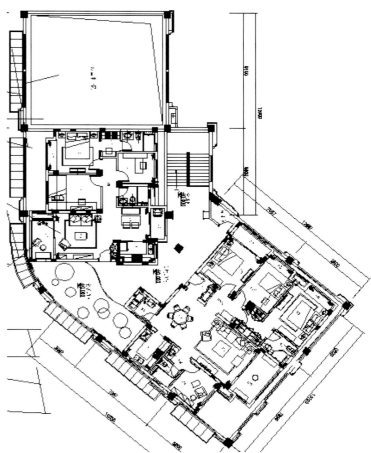

**洽谈区**

洽谈区墙上大面积的抽象派装饰画、绿白相间的沙发软饰搭配，凸显轻奢风范，古典与现代、东方与西方相互碰撞，升华了整个空间的精神内涵。顶上环环相扣的水晶吊灯更显精致，晶莹剔透、动感十足，好似溪水叮咚，向人们娓娓道来生活的快乐。

**沙盘区**

隔着门厅，与之对望的是沙盘区，工艺讲究的法式雕花吊顶上三组玻璃手工吹制吊灯倾泻而下，高低错落，富丽堂皇。富有层次的光影映照着护墙板的棕色极为默契，与之应景的是白色的门套与线条，相互穿插，精美大气让人眼前一亮。

**办公区**

穿过洽谈区，就到了办公区。海蓝色的墙上点缀了高雅的装饰画，整个空间弥漫着放松而舒适的感觉，给客户提供优雅的办公环境。

**样板区通道**

沿着楼梯拾级而上，穿过一丛满天星造型的吊灯，瞬间被迎面而来的森林墙绘所吸引，大面积的镜面创造了奇妙的视觉效果，就如置身九溪烟树仙境之中。

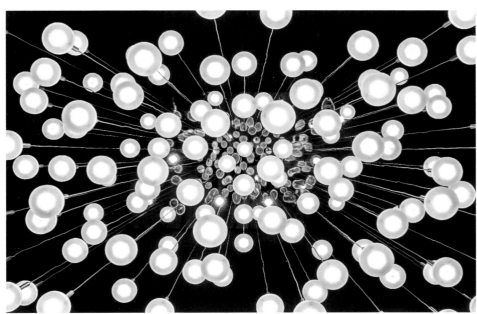

**儿童活动区**

与样板区相邻的儿童活动区，同样散发着自然的气息。绿草伴着蓝天，孩子们在愉快地搭着积木，呈现了一幅人与自然和谐相处的温馨画面。

这种人与环境、人与建筑的互动式售楼空间的营造，让人们于九溪烟树中感受到轻奢优雅的生活境界，打动人心，久久回味。

图书在版编目（CIP）数据

万有引力 售楼部设计 XIII ／黄滢，马勇 主编 ．– 武汉：华中科技大学出版社，2017.6
ISBN 978-7-5680-2709-0

Ⅰ．①万… Ⅱ．①黄… ②马… Ⅲ．①商业建筑 – 建筑设计 – 作品集 – 世界 Ⅳ．① TU247

中国版本图书馆 CIP 数据核字（2017）第 068304 号

万有引力 售楼部设计 XIII
Wanyouyinli Shouloubu Sheji XIII

黄滢 马勇 主编

| | |
|---|---|
| 出版发行：华中科技大学出版社（中国·武汉） | 电话：（027）81321913 |
| 武汉市东湖新技术开发区华工科技园 | 邮编：430223 |
| 责任编辑：熊纯 | 责任监印：张贵君 |
| 责任校对：冼沐轩 | 装帧设计：筑美文化 |

印　　刷：中华商务联合印刷（广东）有限公司
开　　本：965 mm × 1270 mm　1/16
印　　张：20.5
字　　数：164 千字
版　　次：2017 年 6 月第 1 版 第 1 次印刷
定　　价：298.00 元（USD 59.99）

投稿热线：13710226636　　duanyy@hustp.com

# 欧朋文化 分享设计 传播观念 只出精品

欧朋文化，怀着对中国传统文化的深切热爱，专注于对当代空间设计领域的深耕广拓，致力于推动现代中式设计的传播与发展，倡导当代设计三化建设——古典智慧现代化、西方设计中国化、中西合并国际化。

## 《万有引力 售楼部设计》（系列 I – XIII）

售楼部是一个大舞台，它集楼盘定位、形象展示、销售活动、销售服务等功能于一体，是开发商与购房者博弈、争论、对话、沟通的互动空间。精彩的售楼部设计具有超强的诱惑力和感染力，一亮相就能吸引八方目光。对于这种倾倒众生的魅力，我们统称之为"万有引力"。《万有引力 售楼部设计》自首次推出，每一期精彩不断，被誉为"史上最红的售楼部设计图书"。

 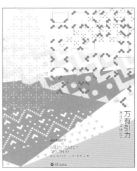   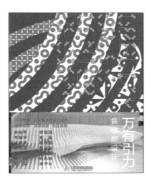

## 《中国最美的深宅大院》（系列 I – V）

推开大宅门，探究中国古代顶尖阶层居住形态、建筑园林、家族秩序、文化审美之秘。看得到的豪宅，看不到的巨贾名流。那些顶尖阶层的荣光已然消散，辉煌已成过往，而今只留下一座座深宅大院供我们遥望。本书着重对深宅大院的历史文化、规划优势、园林景点、特色建筑、精美装饰、艺术审美、民俗风情、维修保护、经营管理等方面进行展示和报导。

## 《中国最美的古城》《中国最美的古镇》《中国最美的古村》《中国最美的老街》已经陆续推出

高楼大厦越密集，现代城市相似度越高，古城、古镇、古村、老街的存在就越显得弥足珍贵，它们传统文化的基石，华夏文明的结晶，是一个区域与众不同的气质密码，随着时间的积累而散发出更为醇美迷人的韵味。我们记录、整理、传播这些不可再生的宝贵资源。

    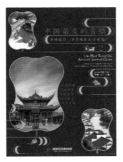